KURT BECKER / HEINRICH KEMPER

Der Rattenkönig

Beihefte der Zeitschrift für angewandte Zoologie

Herausgegeben von Prof. Dr. Heinrich Kemper

Bundesgesundheitsamt, Institut für
Wasser-, Boden- und Lufthygiene, Berlin

Heft 2

Der Rattenkönig

Eine monographische Studie

Von

Dr. Kurt Becker

und

Prof. Dr. Heinrich Kemper

(Mit 22 Abbildungen)

DUNCKER & HUMBLOT / BERLIN

Alle Rechte vorbehalten
© 1964 Duncker & Humblot, Berlin
Gedruckt 1964 bei Berliner Buchdruckerei Union GmbH., Berlin 61
Printed in Germany

Vorwort

Mit dem hier behandelten Thema hat sich in diesem Jahrhundert sicherlich niemand so lange und intensiv befaßt wie Prof. Dr. Albrecht H a s e. Mit der ihm eigenen Zähigkeit hat er von 1914 an alle ihm erreichbaren alten und neuen Quellen über den Rattenkönig auszuschöpfen versucht. Im Laufe der Jahre hat er vor biologisch interessierten Hörern dreimal über den Rattenkönig Vortrag gehalten. Leider sind diese Vorträge, von denen wir die beiden letzten gehört haben, nicht im Wortlaut niedergeschrieben, sondern nur kurz referiert worden (H a s e 1914, 1950; N. N., Orion 1952).

Die Erfüllung der nicht nur von uns immer wieder an ihn gerichteten Bitte, das Ergebnis seiner Bemühungen zusammenfassend darzustellen, hat H a s e bedauerlicherweise immer wieder hinausgeschoben, bis ihn dann der Tod am 20. November 1962 ereilte. Wenige Wochen vor seinem Hinscheiden hat er uns das von ihm zusammengetragene Material freundlicherweiser zur Auswertung überlassen. Es handelte sich dabei um eine Literaturkartei und Exzerpte, die in den Jahren 1914/15 entstanden sind, um einige Sonderdrucke, alte Zeitungsausschnitte und um Antwortschreiben auf eine im Januar/Februar 1915 an Museen, Institute, naturwissenschaftliche Vereine, Tierausstopfer u. a. Personen gerichtete Umfrage sowie um Photoaufnahmen von Museumspräparaten und von Bildern aus dem alten Schrifttum.

Leider erwiesen sich das uns übergebene Material und besonders die Literaturaufstellung als nicht vollständig. Wie aus einigen „Randbemerkungen" ersichtlich war, muß einiges von dem, was H a s e offenbar vorgelegen hat, heute als verschollen gelten. Wir haben uns nach Kräften bemüht, die vorhandenen Lücken auszufüllen. Dabei war uns nicht nur daran gelegen, die vorhandene Literatur möglichst vollständig zu erfassen und erneut zu überprüfen, sondern auch Aufschluß über das Schicksal der von Rattenkönigen angefertigten Präparate und ihren Verbleib zu erlangen. Für dazu gegebene Auskünfte und Hinweise danken wir besonders den Herren Dr. A. C. V. v a n B e m m e l (Rotterdam), R. E n c k e (Berlin), Dr. L. F r a n z i s k e t (Münster i. W.), Dr. O. v. F r i s c h (Braunschweig), Dr. J. G i b a n (Jony-en-Josas), Dr. G ö t z (Dresden), H. G r o s s e (Altenburg), Dr. Th. H a l t e n o r t h (München), Dr. A. K l e i n s c h m i d t (Stuttgart), Pfarrer H. K l e i n s c h m i d t (Lutherstadt-Wittenberg), Dr. J. N i e t h a m m e r (Bonn), Prof. Dr.

H. Piepho (Göttingen), H. Schürmann (Kempen/Ndrh.), Prof. Dr. F. Steiniger (Hannover), Direktor Wurche (Sondershausen) und Fräulein Stud.-Ass. A.-O. Otto (z. Z. Langeoog).

Wir widmen diese Studie dem Andenken an Albrecht Hase, ohne dessen mühevoller Vorarbeit sie sicherlich niemals zustande gekommen wäre.

Berlin-Dahlem, im April 1964

Bundesgesundheitsamt
Institut für Wasser-,
Boden- und Lufthygiene

Dr. Kurt Becker
Prof. Dr. Heinrich Kemper

Inhalt

Etymologie, Phraseologie und Folklore	9
Die bisher gefundenen Rattenkönige	22
Deutschland	24
Frankreich	62
Schweiz	66
Niederlande	66
Java	67
„Könige" von anderen Kleinsäugern	70
Von Menschenhand hergestellte Rattenkönige	73
Häufigkeit des Vorkommens von Rattenkönigen	76
Allgemeine Charakteristik von Rattenkönigen	79
Erklärungsversuche	82
Versuche mit Hausratten	93
Literatur	94

Etymologie, Phraseologie und Folklore

In dem von P e l t z e r (1963) unter dem Titel „Das betreffende Wort" herausgegebenen „Wörterbuch sinnverwandter Ausdrücke" sind unter dem Stichwort „Rattenkönig" nicht weniger als 22 sinnverwandte Ausdrücke genannt, und zwar: Verkettung, roter Faden, Folge, Aufeinanderfolge, Reihe, Gefolge, Übelstand, Unannehmlichkeiten, Verdruß, Ärgernis, Sorge, Plage, Unglück, Widerwärtigkeit, Unbill, Not, Mißgeschick, Demütigung, Heimsuchung, Leidensweg, Leidenskelch, Wirrwarr (als Gegenbegriffe: Freude, Gelingen, Unterbrechung). Hier ist die (Sinn-)Verwandtschaft sehr weit gefaßt, denn die meisten der genannten Ausdrücke können nicht als Synonyma, sondern nur als mehr oder weniger entfernte Verwandte vom „Rattenkönig" aufgefaßt werden.

Die in den älteren und auch in den meisten neueren Konversations- und naturwissenschaftlichen Lexiken zu findenden Definitionen für „Rattenkönig" entsprechen in Einzelheiten meist nicht dem heutigen Wissensstand. Vom Rattenkönig spricht man im Deutschen seit mehr als 400 Jahren, früher wohl häufiger als heute. Wie schon R e h (1926) mitgeteilt hat, ist der Begriff auch „in die französische Sprache übernommen worden als Roi-de-rats, nachdem es zuerst Gros rat geheißen hatte". Die Einführung des Begriffes in das Niederländische („Rattenkoning") ist wohl erst neuerdings durch die Veröffentlichung von v. d. M e e r M o h r (1918) erfolgt. In den übrigen Sprachen gibt es u. W. keine entsprechenden Wörter.

Der deutsche Name Rattenkönig (früher meistens Ratzenkönig oder Razenkönig) wurde — und wird vereinzelt auch heute noch — häufig, oder doch mehrfach in vielerlei verschiedenem Sinne gebraucht, und zwar

1. für eine besonders große Ratte, die andere Ratten beherrscht und von diesen gefüttert wird,
2. (metaphorisch) für einen Menschen, der auf Kosten seiner Mitmenschen ein üppiges Leben führt,
3. für eine Anzahl von Ratten, deren Schwänze so verknotet sind, daß die Tiere sich nicht mehr voneinander trennen können,
4. (metaphorisch) für eine sehr verwickelte Angelegenheit.

Vereinzelt fanden wir im Schrifttum auch noch andere Sinngebungen für „Rattenkönig". Bei D o r n s e i f f (1943) ist es ein Synonym von

„Unordnung", bei K a l t s c h m i d t (1843) und S c h u l z (1845) eine rattenfressende oder -tötende Ratte (in ähnlichem Sinne wird auch die Bezeichnung „Rattenwolf" verwendet, vgl. B e c k e r 1949), in der Reformationszeit als Schimpfwort zusammen mit „Wolf, Sau, Bock, Hunt, Katz und Schneck", eines der „wilden, unflätigen Tiere" (S c h a d e 1863), bei Wilhelm R a a b e ein heimtückischer Mensch (T r ü b n e r 1939) und schließlich bei O k e n (1838) ein Rattennest.

Eindeutig im Sinne einer besonders großen Ratte ist das Wort Rattenkönig („rex rattorum") in Conrad G e s n e r s „Historia animalium" (1551—1558) benutzt. In der von F o r e r (1583) besorgten Übersetzung heißt es: „es wöllend etlich dasz der Rat in seinem alter mächtig grosz von den andern jungen gespeyszt werde: wird bey uns der rattenkönig genennet." Soweit bisher bekannt, reicht diese Art der Verwendung um wenigstens zwei Jahrzehnte weiter zurück. Dies geht aus einem von den Gebrüdern G r i m m (1893) wiedergegebenen Vers von Joh. S c h w a r z e n b e r g, dem deutschen Cicero, aus dem Jahre 1535 hervor:

„die grossten reiber mir bekennt,
man jetzum reuters väter nennt.
sie gleich den ratenküng mit laib,
der herrscht durch ander ratten raib."

Der älteste Beleg des Wortes „Rattenkönig" überhaupt datiert nach K l u g e - G o e t z e (1957) aus dem Jahre 1524. Vielleicht — oder wahrscheinlich — hat L u t h e r, der „dem Volke aufs Maul schaute" und sich gern derber, bildhafter Ausdrücke bediente, das Wort damals geprägt und als erster verwendet. Er benutzte es neben vielen anderen als ein Epitheton ornans für den Papst. In der Jenaer Ausgabe seiner Werke heißt es: „Die erzbischoven (haben) einen primaten über sich, die primaten einen patriarchen über sich, zuletzt obenauf der papst, da sitzt der rattenkönig."

Bei dieser Art von Wortverwendung handelt es sich vielleicht schon um eine echte Metapher im Sinne der obigen Ziffer 2. Das braucht jedoch, wie uns scheint, nicht zwingend angenommen zu werden. Ratten galten (und gelten) als Prototypen widerwärtiger Lebewesen (vgl. K e m p e r 1959), und es erscheint daher durchaus möglich, daß L u t h e r, der an anderen Stellen die Kardinäle als Rattengeschmeiß, die Klöster als Rattennester und die Wiedertäuferherrschaft in Münster als Rattenkönigreich bezeichnete, damals, als er den Papst zum Rattenkönig erhob, gar nicht einen biologischen, sondern nur einen hierarchischen Zusammenhang im Auge gehabt und „Rattenkönig" lediglich als Scheltwort benutzt hat.

Auf eine andere Möglichkeit der Entstehung des Begriffs Rattenkönig macht ein anonymer Autor im „Wittenbergischen Wochenblatt" von 1774 aufmerksam, indem er sagt, „die Fabel vom Ratzenkönige könne wohl auch ihren Ursprung von den Wanderungen der einheimischen Ratzen genommen haben". Gelegentlich treten nämlich bei Wanderratten irreguläre Wanderzüge auf (Herold 1953), die natürlich auch in früheren Jahrhunderten beobachtet wurden, in denen es durch die vorherrschenden günstigen Lebensbedingungen für die Tiere oft zu wahren Massenvermehrungen gekommen sein muß. Bei der Wahrnehmung eines solchen Zuges hat man dann die erste als den Führer angesehen und diese mit dem Königsnamen beehrt.

Als mit der Zunahme naturwissenschaftlicher Kenntnisse die alte Bedeutung des Wortes, e i n e Ratte, die über mehrere oder viele Ratten herrsche, nicht mehr beibehalten werden konnte, erfuhr das Wort einen merkwürdigen und philologisch interessanten Bedeutungswandel. Es wurde jetzt nicht mehr auf eine einzelne, bevorzugte Ratte angewendet, sondern auf eine Gruppe von Ratten, die mit ihren Schwänzen unlösbar zusammenhingen. Dabei wird im älteren und auch noch im neueren Schrifttum (z. B. Kaltschmidt 1834, Adelung 1911) von einer Verwachsung, meistens aber richtig nur von einer Verschlingung, einer Verknotung oder einem Verworrensein der Rattenschwänze gesprochen. Solche Verknotungen (nicht Verwachsungen) hat es, wie in den nachfolgenden Abschnitten zu zeigen sein wird, tatsächlich gegeben, und sie können auch jetzt noch gefunden werden.

Riegler (1907) schreibt: „Der hier vorliegende Bedeutungswandel erweist sich als Metonymie und ist außerdem jenen zuzuzählen, in denen auf abergläubische Vorstellungen beruhende Bezeichnungen sich auch nach dem Schwinden des Aberglaubens erhalten und sich den modernen Begriffen angepaßt haben."

Die Wörterbücher des 18. und 19. Jahrhunderts haben, wenn sie über Ratten sprechen, meistens auch den Rattenkönig erwähnt. Adelung (1911) definiert ihn nach einer Schrift aus dem Jahre 1774 als ein „Monstrum, mit Schwänzen verschlungene Ratten, von anderen ernährt". Die fast gleiche Begriffsbestimmung finden wir aber auch schon vor 1741 in lateinischer Sprache („Monstrum consistens e pluribus muribus caudis concretis") und bei Campe (1807). Eine in den meisten Punkten schon recht zutreffende Beschreibung und Deutung des Rattenkönigs hat Noel Gomel bereits im Jahre 1757 gegeben. Seine Ausführungen hat Kemper (1959) im Wortlaut leichter zugänglich gemacht.

Soweit bisher festgestellt werden konnte, hat Jean Paul im Jahre 1795 als erster die Bezeichnung Rattenkönig metaphorisch für etwas Unentwirrbares benutzt. Im gleichen Sinne äußert sich auch der nicht genannte Autor eines Beitrages in der Zeitschrift „Desinfektion und

Gesundheitswesen" (1955) wenn er schreibt: „Im Sprachgebrauch hat der Ausdruck Rattenkönig heute etwa die gleiche Bedeutung wie der in die griechische Mythologie führende Ausdruck Gordischer Knoten. In beiden Fällen versteht man darunter einen Zusammenhang oder eine Situation, bei der keine Möglichkeit einer Lösung besteht oder bestenfalls eine Gewaltlösung möglich ist, nach dem Beispiel Alexanders des Großen, der den Gordischen Knoten mit dem Schwerte zerschlagen haben soll."

So wird das Wort auch heute noch gebraucht, wenngleich wohl seltener als im vorigen und vorvorigen Jahrhundert. Um zwei Beispiele anzuführen: Emanuel G e i b e l (1815—1884) schreibt: „Auch hätt ich willig Dir von hundert Thorheiten erzählt, wie mir im schwangeren Haupte buntfarbig ein ganzer Rattenkönig sitzt von Lustspielen." Und bei Hugo H a r t u n g (1954) heißt es in seinem Roman „Ich denke oft an Piroschka": „Baucis rettet uns vor dem völligen Untergang, als sie uns zum Kaffee holen wollte und inmitten des paradiesischen Weingartens einen Rattenkönig von Männern und Flaschen fand."

Neben diesen neuen haben sich im Schrifttum aber auch die ursprünglichen Bedeutungen des Wortes Rattenkönig, die direkte als Häuptling einer Gruppe wie auch die übertragene als aufgeblähter schmarotzender Mensch, noch lange gehalten und sind auch heute noch hin und wieder zu hören. Bei Ernst Moritz A r n d t sind z. B. beide Nuancen zu finden. Nach T r ü b n e r (1939/57) wendet der Freiheitsdichter den Begriff Rattenkönig auf einen ihm widerwärtigen Heerführer (den französischen General Vandame) an, der mit pompösem Gefolge nach dem Siege bei Kulm angerückt kam und 1817 schreibt er in seinem Märchen vom „Rattenkönig Birlibi", daß „im stralsundischen Dorfe Alten Camp in der Walpurgisnacht aus dem Walde einzelne kreischende, gellende Stimmen mit den widerlichen Lauten ‚birlibi! birlibi!' zu hören gewesen wären und eine Menge hätten sie nachgerufen, so daß es durch den Wald schallte. Das wäre der Rattenkönig mit der Königin gewesen, die, im goldenen Wagen sitzend, ihre langen kahlen Schwänze hinter sich verschlungen hätten" (S c h i f f e l 1959). Auch Heinrich H e i n e spricht im Sinne der alten Wortbedeutung von einer Rattenkönigin:

> „Über Kiesel, über Wurzel
> trippelt sie zum Laubfroschteich,
> dorten sitzt meine Muhme
> Rattenkönigin"

In Frankreich erwähnt schließlich Jean de la F o n t a i n e den Rattenkönig in seiner Fabel „Der Kampf der Ratten gegen das Wiesel" und nennt ihn „Ratapon".

Oben wurden die vier verschiedenen Begriffe des Wortes Rattenkönig in der Reihenfolge aufgeführt in der sie uns heute im Schrifttum entgegentreten. Was aber die eigentliche Wortprägung betrifft, so ist es wahrscheinlich, daß Nr. 2 (metaphorisch) zeitlich vor Nr. 1 (biologisch) rangiert. Es ist denkbar, daß die beiden erstgenannten Bedeutungen schon vor ihrem Auftauchen in der zeitgenössischen Literatur längere Zeit verwendet worden waren. Das läßt sich heute zwar nicht mehr beweisen, es darf aber doch angenommen werden, daß es den wirklichen Rattenkönig, d. h. die Verknotung mehrerer Ratten mit ihren Schwänzen, schon lange vor seiner ersten Erwähnung, nämlich vor 1610 (Reh 1926), gegeben hat, fast so lange nämlich, als Ratten zahlreich in den Behausungen des Menschen auftreten. Wir möchten sogar annehmen, daß die Bildung eines Rattenkönigs im Mittelalter häufiger als in den späteren Jahrhunderten war, nur daß Nachrichten darüber nicht auf uns gekommen sind. Hierfür können wenigstens drei Gründe maßgeblich gewesen sein: zum Ersten wurden Bücher in damaliger Zeit noch mit der Hand geschrieben, so daß der bescheiden verfügbare Raum für Berichte und Betrachtungen über viel wichtiger erscheinende Begebenheiten vollauf in Anspruch genommen war. Zweitens zeigten die wenigen Menschen, welche damals des Lesens und Schreibens kundig waren, für Vorgänge in der Natur im allgemeinen ein erstaunlich geringes Interesse. Und schließlich wird „der Mann aus dem Volke", der ohnehin schon gegen Ratten eine starke Abneigung hegte, den zufällig von ihm gefundenen Rattenkönig in den meisten Fällen gar nicht genauer angesehen, sondern möglichst schnell totgeschlagen und auf den Misthaufen oder in den nahen Bach geworfen haben, wie dies auch in den hinter uns liegenden zwei Jahrhunderten häufig genug geschehen ist. Aus Furcht vor drohendem Unheil wird er allenfalls in vertrautem Kreise über dies höchst unsympathische Ereignis gesprochen, es aber nicht „zu Protokoll" gegeben haben.

Dies änderte sich in gewissem Grade während der Spätrenaissance, die ja in Deutschland das Denken der Menschen und vor allem ihre Einstellung zur umgebenden Natur besonders stark beeinflußt hat. Das zeigt sich deutlich auch in dem oben zitierten, kurz und nüchtern gehaltenen Bericht, den der Schweizer Naturforscher Gesner über den Rattenkönig gab. Dabei hatte er selbst ein solches Exemplar gar nicht gesehen, sondern sich nur von „etlichen" darüber erzählen lassen. Deshalb wird die Verleihung königlicher Würde an bestimmte, auserwählte Ratten wahrscheinlich schon lange vor ihm stattgefunden haben.

Bemerkenswert erscheint uns, daß die für Vorgänge in der Natur viel aufgeschlosseneren Autoren des klassischen Altertums (Aristoteles, Plinius u. a.) den Rattenkönig nicht erwähnt haben. Zwar hatte man damals noch keinen eigenen Namen für die Ratten (sie gingen mit in dem Sammelbegriff „Mäuse" unter), und doch hat in Athen, Rom und anderen größeren Städten am Mittelmeer zumindest die Hausratte gelebt, und gerade diese Art ist es, bei der es zur Bildung von Rattenkönigen kommt. Vielleicht kam es damals und kommt es heute in den Mittelmeerländern viel seltener und weniger leicht zur Entstehung eines Rattenkönigs als bei uns. Die Ratten sind bekanntlich in diesen Landstrichen weniger darauf angewiesen, sich zum Nisten in die Häuser zurückzuziehen, sondern sie leben dort mehr im Freien. Auch die winterliche Kälte, welche die Tiere bei uns aus wärmeökonomischen Gründen zu engen Nestgemeinschaften zusammenführt, spielt dort nicht die Rolle, wie in Mitteleuropa, wenn man von der kurz dauernden Regenzeit absieht. So scheinen die Gegebenheiten für die Bildung eines Rattenkönigs im mediterranen Raum viel ungünstiger zu liegen und vor allem durch den Freilandaufenthalt der Ratten viel seltener oder gar nicht zur Beobachtung zu kommen. Daß sie in semiaridem Klima gänzlich fehlen sollten, ist jedoch nicht einzusehen, wenn man bedenkt, daß Rattenkönige selbst in den Tropen gefunden wurden, worauf später noch einzugehen sein wird.

Es unterliegt wohl keinem Zweifel, daß die tatsächlich vorkommende Schwanzverknotung bei Ratten in dem hier behandelten Fragenkomplex das Primäre gewesen ist. Wir müssen uns aber fragen, wie es bei der allgemeinen Antipathie gegen Ratten dazu kam, ein so abstoßendes und biologisch widersinniges Gebilde mit dem Nimbus des Königtums auszustatten. Hierbei ist wohl zu bedenken, daß man sich damals eine Gruppe zusammengehörender Individuen gar nicht anders vorstellen konnte, als daß sie von einem König gelenkt, beherrscht und auch ausgenutzt wurde. Der Löwe wurde zum König aller Tiere, der Adler zum König der Lüfte, im Teich herrschte der schmucke Froschkönig und im Garten der kleine, aber lautstarke Zaunkönig. Analog könnte es auch zu der Meinung gekommen sein, daß eine zusammen agierende Schar von Ratten ebenfalls ihren König haben müßte. Und diesen hat man nun in der Phantasie — zunächst wohl nur nolens volens —, später dann geradezu wohlwollend, ausstaffiert. So ist es rührend zu lesen, wie die Menschen in der Zeit des Absolutismus ihre Rattenkönige mit allen Attributen königlicher Würde versehen haben — mit Zepter, Krone, Purpurmantel usw.

Ein anschauliches Bild von der damals üblichen Vorstellung vom Aussehen eines Rattenkönigs gibt die hier der Zeitschrift „Rat en Muis" entnommene Zeichnung wieder (Abb. 1). Es ist die verkleinerte und vervollständigte Reproduktion eines Bildes, welches als Titelblatt in der Zeitschrift „Desinfektion und Gesundheitswesen" (Bd. 47, 1955) erschien. Diese wurde nach einer Originalskizze von Prof. Dr. S t e i n i - g e r von einem Künstler gezeichnet, dessen Name nicht mehr zu ermitteln ist. Nach brieflicher Mitteilung von Herrn Prof. S t e i n i g e r entspricht das hier wiedergegebene Bild nicht ganz der von ihm entworfenen Vorstellung, indem der Schwanzknoten, auf dem die Königsgestalt sitzt, möglichst naturgetreu einem lebend gefundenen Rattenkönig hätte nachgebildet werden sollen, also nicht hochgezogen erscheinen durfte, wie das Bild es darstellt. Immerhin entspricht die Zeichnung doch der mittelalterlichen Anschauung, nach der der Schwanzknoten der Thron des eigentlichen Rattenkönigs ist, auf dem er Platz nimmt, wenn er Hof hält. Den Regenten selbst hat man zwar nicht gesehen, sondern nur seinen angeblichen Sessel, auf den späterhin die Bezeichnung „Rattenkönig" übertragen wurde.

Abb. 1. Ein Rattenkönig, wie man sich ihn im Ausgang des Mittelalters vorstellte. — Aus „Rat en Muis" (1955).

Ein König der Ratten brauchte sich also nicht mehr mit eigener Kraft fortzubewegen, denn er wurde von seinen Höflingen genau so getragen, wie sich die Könige unter den Menschen in einer Sänfte tragen ließen. Die Stützen des Thrones waren freilich innig miteinander verbunden, und zwar — wie das bei Ratten naheliegend ist — mit ihren langen

Schwänzen. Dabei will man beobachtet haben, daß die getreuen Paladine mit der Zeit durch das ständige Tragen derartige Eindrücke bekommen haben, daß das Sitzen auf ihnen immer bequemer wurde (vgl. S c h e l l h a m m e r 1691).

Der Ursprung der Fabel ist uns leider im Dunkeln geblieben. Einer Bemerkung von B e l l e r m a n n (1820) ist zu entnehmen, daß sie möglicherweise auf „morgenländische Mythen" zurückgeht, in denen auch von Throngestellen gesprochen wird, die aus belebten ähnlichen Wesen bestehen. Dieselben Gedanken — wahrscheinlich aber wohl auf B e l l e r m a n n zurückgehend — kehren auch bei P o e p p i g (1847) und F i t z i n g e r (1860) wieder.

Zusammenfassend schreibt R e h (1929) darüber: „Was hat nicht alles die Fabel aus dem an und für sich abstoßenden Rattenknäuel gemacht, unbekümmert um die naturwissenschaftlichen Grundlagen! Da war zunächst ein vielköpfiges Tier, ähnlich der Hydra oder dem Haupt der Medusa, mit einem Körper; und von den Köpfen sollte einer gekrönt sein und die anderen überragen. Es hieß, seine königliche Würde bestünde insbesondere darin, daß er als ein Oberhaupt unter anderen Ratten präsidiere, sich von selbigen ernähren und sich nach seinem Gefallen bald da, bald dorthin auf dem Rücken seiner Bedienten transportieren lasse. ... Geschähe es, daß er stürbe, würde der Ort seines tödlichen Hintritts den übrigen Kameraden so verhaßt, daß sie ihn alsbald verließen und sich mit einer neuen Wohnung auch einen neuen König suchten. Im übrigen stecke in einem solchen Rattenkönig eine große Kraft, deren sich die Rattenfänger oder Cammerjäger mit sonderbarem Nutzen zu bedienen wüßten. Ja, wenn sie unter das Rattenpulver etwas von einem solchen Rattenkönig mischten, wichen die Ratten alsobald aus demselben Haus oder Gebäude, wo es hingesetzt würde, ohne daß sie etwas von dem zugerichteten Salze genössen."

Und weiter: „Zur Zeit des alten Gesner schuf die Fabel eine außergewöhnlich große Ratte, eine Riesin ihres Geschlechtes, der ein weites Revier untertänig sei. Ihre Umgebung zeichne sich aus durch besondere Tapferkeit, auch Menschen gegenüber, vor denen sie nicht zurückwiche. Wer diesen Rattenkönig erschlüge, bekäme die Macht über alle andern. Denn aus seiner Wirbelsäule lasse sich eine wundervolle Pfeife herstellen, deren Töne die Ratten folgen müßten, wie ehemals dem Rattenfänger von Hameln."

Aber so ein Rattenkönig löste keineswegs immer bei den Menschen ehrerbietige Bewunderung aus, sondern, wie oben bereits angedeutet wurde, in den meisten Fällen eher panischen Schrecken. Diese Angst ist recht anschaulich in dem Epos „Der Rattenfänger von Hameln" durch Jul. W o l f f (1887) zum Ausdruck gebracht. Um davon eine Vor-

Etymologie, Phraseologie und Folklore 17

stellung zu geben, seien hier einige Auszüge daraus und eine das Buch zierende Initialvignette, welche die Jagd auf einen Rattenkönig darstellt, wiedergegeben (Abb. 2). Hauptpersonen der Handlung sind: die ältliche, ängstliche und recht abergläubische Dorothea, die junge, mehr

Abb. 2. Initialvignette aus Jul. Wolff: „Der Rattenfänger von Hameln", illustriert von P. Grot Johann, in Holz geschnitten von H. Köseberg und H. Thiele.

lebensnahe Regina, der etwas feige, aber willige Hausdiener Lorenz, sodann Herr Wichard, Reginas Vater und Bürgermeister von Hameln, der Spielmann und Rattenfänger Hunold und schließlich ein aus fünf Individuen bestehender Rattenkönig. Dorothea, die den Rattenkönig zuerst gesehen hatte, stürzt zu Regina ins Zimmer und jammert:

> „Alle Heil'gen! alle Heil'gen! —
> Kind, ach Gott! ich bin des Todes! —
> Drunt im Keller — grauslich Wunder!
> Alle Heil'gen! alle Heil'gen!"
> Dann versagte ihr die Stimme,
> Und sie schnappte Luft und stöhnte.

Nachdem sie durch ein Glas „Würzwein" wieder etwas zu Kräften gekommen ist, berichtet sie weiter:

> „Unten in dem Keller hab' ich
> Jetzt den bösen Geist gesehen;
> Eine Ratte mit fünf Köpfen
> Und wohl an die hundert Beinen,
> Wie ein Wagenrad an Größe,
> Schnob mich an mit Feuerspeien;
> Glaube, Kind! das ist der Böse,
> Der dem Hexenmeister beisteht
> In dem tagesscheuen Werke, —
> Ach! ich kann nicht mehr — ich sterbe."

Nach einem längeren Disput der beiden siegt aber die Neugierde über die Angst. Es heißt dann:

> Aber ein beherztes Mädchen
> War Regina, rief den Lorenz,
> Nahm die Leuchte, und nach langem
> Weigern, Bitten, Warnen, Flehen
> Stiegen sie hinab zum Keller.
> An der Spitze schritt Regina,
> Kicherte und scherzte neckisch,
> Doch je tiefer sie herabkam,
> Um so lauter schlug ihr Herzchen,
> Und ihr Lachen selbst verstummte.
> Lorenz stieß mit seiner Pike
> Fest auf jede Treppenstufe,
> Als ob's mehr ihm drum zu thun sei,
> Mit dem lauten Waffenlärme
> Die Gespenster zu verscheuchen,
> Als sie kämpfend zu bestehen.
> Hinterdrein schlich, zähneklappernd
> Einen kräft'gen Segen murmelnd
> Und sich kreuz'gend, Dorothea.
> So kam an das tapfre Kleeblatt,
> Und Regina hob die Leuchte
> An der Schwelle schon des Kellers,
> Daß der Raum war hell beschienen.

Ja, — wahrhaftig! da! da kroch es
Langsam hin entlang der Mauer,
Regte zappelnd zwanzig Füße,
Hinten, vorne, an den Seiten,
Hatte ringsum auch fünf Köpfe,
Fünf leibhaft'ge Rattenschnauzen,
Und in ein verwickelt Knäuel
Waren sichtbar alle Schwänze
Ineinander fest verschlungen.
„Pik' ihn, Lorenz!" rief Regina,
Doch da war es schon verschwunden,
Hatte unter dem Gerümpel
In die Mauer sich verkrochen.
„'s ist der Böse", sagte Lorenz,
„Und der Spielmann steht im Bunde
Mit dem Satan, 's ist kein Zweifel."

Der Vater, dem Regina über ihr Erlebnis berichtet hatte, möchte den Vorfall dazu verwenden, im Interesse des Stadtsäckels den Rattenfänger Hunold um seinen Lohn zu bringen und befiehlt daher, vorerst mit niemandem über den Vorfall zu sprechen. Das aber geht über Dorotheas Kräfte, die in den Garten geht und im Nachbargarten die Hebamme des Ortes sieht und sie anspricht:

„Frau Gevattrin, ein paar Worte!"
Rief hinüber Dorothea,
„Habt Ihr Ratten noch im Keller?"
„Nein? gewiß nicht? ach! wie glücklich
Seid Ihr! — ob wir welche haben?
Nein! das sag' ich nicht, bewahre!
Aber — 's ist 'ne eigne Sache,
Seht Ihr, — wenn ich reden dürfte, —
Aber nein — o ich kann schweigen! —
Frau Gevattrin wollt Ihr's keiner,
Keiner Menschenseele sagen?
Denkt Euch —" und nun aufgezogen
Ward die Schleuse ihrer Rede
Und das ganze Abenteuer
In der weisen Frau verschwieg'nen,
Treuen Busen ausgeschüttet —
Man versprach sich nochmal Schweigen,
Und dann schied man voneinander.
Dorothea, sehr erleichtert
Nach der glücklichen Entbindung...

Durch das Herumerzählen zieht die Angelegenheit immer weitere Kreise und sie wird immer sensationeller:

Nun schon fünfzehn aus den fünfen
Jungfer Dorothea's wurden
Und noch grauslicher die Schildrung.
So gevatterte das weiter,
Und die halbe Stadt bald wußte,

> In des Bürgermeisters Keller
> Sitzt der Satan in Gestalt
> Eines ries'gen Rattenknäuels
> Mit unendlich vielen Beinen,
> Hundert Köpfen, tausend Schwänzen,
> Wahren Elephantenzähnen,
> Feuerrädern statt der Augen
> Und gewalt'gen Tigerkrallen.
> Allen ward es ohne Zweifel,
> Daß das Ungethüm der Böse,
> Dem der Fiedler sich verschworen,
> Daß mit seinem Höllenzwange
> Er beim Rattenfang ihm beisteh'.

Vor der dann stattfindenden Ratsherrenversammlung berichtet Dorothea u. a.:

> „Da — da saß es dicht am Zuber
> Wie ein Wagenrad an Umfang,
> Hatte an die zwanzig Köpfe,
> Richt'ge, spitze Rattenköpfe,
> Hundert Beine, und die Schwänze
> Waren all' in dickem Knäuel
> Wie ein Knoten fest verschlungen,
> Sah mich an mit Feueraugen,
> Fauchte auf mich los und zischte,
> Fletschte Zähne, hob die Krallen,
> Wüthend auf mich los zu fahren,
> Wär' ich nicht in Eil' entflohen."

Die Phantasie bei den jüngeren Augenzeugen ist dagegen weniger blühend:

> „Ja so ist es", sprach Regina,
> „Doch ich zählte nur fünf Köpfe,
> Mir ist's anders nicht erschienen,
> Als wenn fünf gemeine Ratten,
> Jede mit dem Kopf nach außen,
> Sich im Kreis zusammen stellen."

> „Als ich mit der Pike zukam,
> Um's zu spießen", sagte Lorenz,
> „Da entwich es und kroch fürbaß
> Wie 'ne große, garst'ge Spinne."

Der wegen seiner angeblichen Beziehungen zum Teufel unter Anklage stehende Rattenfänger bleibt ebenfalls sachlich:

> „Also das ist's!" lachte Hunold;
> „Ihr wohledlen, weisen Herren,
> Diesmal war's noch nicht der Böse.
> 's ist ein echter Rattenkönig;
> Festgewachsen aneinander
> Bei den kleinen, nackten Jungen
> Sind die Schwänzlein schon im Neste,
> Können nicht mehr auseinander,

> Müssen so ihr ganzes Leben
> Wie an meiner Hand die Finger
> Immer fest zusammen bleiben.
>
> So ein armer Rattenkönig
> Kann sich langsam nur bewegen,
> Muß vom Mitleid sich der Andern
> Lebenslänglich füttern lassen,
> Kann nicht wie ein Rattenjüngling
> Aus dem Kellerloche springen.
>
> Als die andern Ratten alle
> Nun durch mich vernichtet waren,
> Trieb ihn Hunger aus dem Loche.
> Ihm auch hätt' ich leichter Mühe
> Den Garaus gemacht und hätt' ihn
> In der letzten Nacht getödtet,
> Wenn nicht gegen unsre Abkunft
> ..."

Wie aus unseren späteren Ausführungen hervorgehen wird, klingen hier Vorstellungen an, wie sie uns bei den Naturforschern des 18. und 19. Jahrhunderts wieder begegnen und darauf schließen lassen, daß sich W o l f f von ihnen über das Wesen des Rattenkönigs unterrichten ließ.

Zum Schluß seien noch die beiden folgenden Strophen einer offenbar älteren Volksweise wiedergegeben, die S c h i f f e l (1959) ohne Quellenangabe mitteilt:

> „Macht auf! macht auf! macht auf die Pforten!
> Und wallet her von allen Orten.
> Geladen seid ihr all' zugleich,
> Der König ziehet durch sein Reich.
>
> Ich bin der große Rattenkönig,
> Komm her zu mir, hast du zuwenig!
> Von Gold und Silber ist mein Haus,
> Das Geld mess' ich in Scheffeln aus."

Die bisher gefundenen Rattenkönige

Entsprechend dem Bedeutungswandel, welchen das Wort „Rattenkönig" im Laufe der Zeit erfahren hat, verstehen wir heute im naturwissenschaftlichen Sinne unter diesem Begriff eine Gruppe von Ratten, deren Schwänze so miteinander verwickelt oder verknotet sind, daß sich die Tiere selbsttätig nicht mehr aus ihrem Verbande lösen können, sondern ihm auf Gedeih und Verderb verhaftet bleiben.

Es soll nun unsere Aufgabe sein, zunächst alle diejenigen Nachrichten übersichtlich zu ordnen, in denen von Rattenkönigen (RK) die Rede ist. Hierfür stand zunächst eine weit verstreute, z. T. nur noch schwer zugängliche Literatur zur Verfügung. B e l l e r m a n n hatte sich bereits 1820 darum bemüht, das gleiche Thema darzustellen und ist damit der erste aber auch der letzte geblieben, der das Problem des RK monographisch behandelt hat (Abb. 3). Neben schriftlichen Zeugnissen liegen oder lagen aber auch noch einige bildliche Darstellungen von RK vor, die uns Kunde davon geben, daß dergleichen Tierverbände verschiedentlich gefunden wurden. Einige RK sind als Präparate in naturwissenschaftliche Sammlungen gelangt, ohne daß bisher etwas über sie publiziert worden wäre. Leider sind viele von ihnen ein Opfer des Zweiten Weltkrieges geworden.

Heute befinden sich nach unseren Ermittlungen nur noch in den Museen von Hamburg, Göttingen und Stuttgart je ein Spirituspräparat und im „Mauritianum" von Altenburg die Mumie eines RK.

Schließlich konnten wir für unsere Zwecke noch Antworten auf die von H a s e Anfang 1915 veranstaltete Umfrage auswerten. Ihr Ertrag war allerdings nur gering. Von den noch vorhandenen Briefen haben nur zehn einiges Gewicht, so daß sie hier mit herangezogen werden konnten.

Soweit es zu übersehen ist, stammen die meisten, sicher verbürgten RK aus Deutschland. Weitere sind aus Frankreich, den Niederlanden und aus Java bekannt geworden. Daneben liegen aber noch eine ganze Reihe von Mitteilungen vor, welche sich auf Ansammlungen von Ratten und anderen Kleinsäugern beziehen, die wahrscheinlich oder sicher nicht auf wirkliche Schwanzverwicklungen zurückzuführen sind und deshalb auch nichts mit echten RK zu tun haben. In anderen Fällen ist die Beobachtung vom Auftreten eines RK nur beiläufig in der Literatur erwähnt. Der Vollständigkeit wegen sind diese Fälle hier mit aufgeführt worden, aber weil sie zweifelhafter Natur sind, als „unsicher" gekennzeichnet. Als „sicher" werden dagegen solche RK beschrieben, von denen Präparate, Abbildungen oder Beschreibungen auf uns gekommen sind, die keine Zweifel darüber zulassen, daß es sich bei ihnen tatsächlich um Exemplare in dem oben angegebenen wissenschaftlichen Sinne handelt. Am Ende dieser Aufstellung soll auch noch derjenigen „Könige" gedacht werden, die von anderen Säugetieren gebildet und vielfach im Zusammenhang mit der Rattenkönigfrage genannt wurden.

Ueber
das bisher bezweifelte Daseyn
des

Rattenköniges.

Eine

naturgeschichtliche Vorlesung.

Mit einer Abbildung.

Von

Joh. Joach. Bellermann,

Dokt. d. Theol. u. Philos., Konsist. Rath, Direktor,
ord. Mitglied der Gesellschaft naturforsch. Freunde
in Berlin.

Berlin 1820,
in der Nicolaischen Buchhandlung.

Abb. 3. Titelblatt der ersten Monographie über Rattenkönige.

Deutschland

A. Gut verbürgte Fälle

1. **Arnstadt/Thüringen**: Bellermann (1820) beschreibt eins der von ihm im Jahre 1783 im Schloß von Arnstadt besichtigten Bilder mit Darstellungen von Rattenkönigen folgendermaßen: „... ein Ölgemälde auf Leinwand mit gelbbraunem Grund, zeigt einen Rattenkönig von sechs grau-braunen wenig behaarten Ratten. Die Aufschrift über dem Bilde lautet wörtlich: Diese sechs an einander hangenden Rattenmäuse sind am 26ten Nov. 1759 alhier in Arnstadt bei dem Zinngießer Georg Heinrich Schönherr, unten am Markte, zum Hügel genannt, gefunden worden." 1820 soll das Bild dort noch vorhanden gewesen sein. Ob sich die Mitteilung von W. Liebmann vom 20. 8. 1956 an Hase, nach der „ein sehr nachgedunkeltes Bild 30 × 40" noch im Schloßmuseum in Arnstadt gehangen hat, auf dieses Ölbild bezieht, war nicht zu ermitteln.

Nach Kunze (1898) soll sich im Kunstkabinett der Staatsbibliothek in Weimar eine „schöne zeichnerische Nachahmung" dieses Bildes mit der gleichen Beschriftung, wie sie das Original aufwies, befunden haben.

Literatur: Bellermann (1820), Voigt (1835), Kunze (1898), Dollfus (1905/06).

2. **Berlin**: Der Rattenkönig bestand aus drei Hausratten, deren Schwänze nach Angaben des Finders zu einem brezelförmigen Knoten verflochten waren. Eine dieser Ratten und ein viertes zu dieser Gruppe gehörendes Tier waren Weibchen mit einer Kopf-Rumpf-Länge von 10,0 und 10,8 cm. Die Schwänze aller Ratten waren durchaus gesund, enthielten keine Knickstellen und wiesen weder Hautabschürfungen noch Verschmutzungen oder Verklebungen durch Kot oder Räudebefall auf.

Über die Fundumstände konnte von uns folgendes ermittelt werden. Am 2. Juni 1949 gegen 17 Uhr wurde in einem Vorratskeller der Osthafenmühle von Angestellten des Betriebes bei Aufräumungsarbeiten ein Rascheln in einem Pappkarton vernommen. Der Karton wurde daraufhin schnell ergriffen und über einen in der Nähe stehenden leeren Feuerlöscheimer gehalten. Der Schachtel entsprangen nacheinander vier junge Hausratten, von denen drei in den Eimer gelangten. Eine Ratte sprang über den Rand des Eimers hinweg und suchte zu entkommen; auf der Flucht konnte sie noch erwischt und mit dem Fuß totgetreten werden. Als der die Rattenbekämpfung durchführende Desinfektor am Gesundheitsamt des Bezirks Friedrichshain von Berlin, Herr Otto Janack, am 3. Juni gegen 9 Uhr zur Osthafenmühle kam, wurde er vom Pförtner sofort auf die Ratten in dem Eimer hingewiesen. Da Herr Janack noch nie etwas von einem Rattenkönig gehört hatte, wunderte er sich darüber, daß die drei Tiere mit den Schwänzen verknotet auf dem etwa 16 cm im Querschnitt messenden Boden des Eimers dicht beieinander saßen. Er glaubte, daß es sich hier um einen schlechten Scherz der Arbeiter gehandelt habe, die die Tiere am Vortage in dem Eimer dingfest gemacht hatten. Er begab sich deshalb daran, die fest zu einem flachen, brezelförmigen Knoten verstrickten Schwänze zu entwirren, da er es für eine Tierquälerei gehalten haben würde, die Ratten in diesem Zustande zu belassen. Die Tiere an den Schwänzen haltend, machte es viel Mühe, die fest verknoteten Schwänze Schlaufe für Schlaufe zu lösen. Trotzdem die Ratten sorgfältig behandelt und der Vorsicht halber über dem Eimer gehalten wurden, suchte ein weiteres Tier zu entkommen. Aber auch dieses wurde noch auf der Flucht erschlagen. Die zwei übrigen Tiere wurden dann lebend, zusammen mit den beiden toten Geschwistern am selben Tage im Laboratorium für hygienische Zoologie des Robert-Koch-Instituts in Berlin-Dahlem abgeliefert.

Wie nachträglich noch festgestellt werden konnte, befanden sich am Grunde des Feuereimers kurze Enden von Bindfäden (Sackbänder). Bei der Protokollierung des Falles am 7. Juni wurde jedoch leider nicht danach gefragt, ob diese Bindfäden auch mit in den Schwanzknoten eingeflochten waren.

Literatur: N. N., Orion (1952); Schiffel (1959).

3. Bonn: Steinvorth (1884) gibt an, daß in Bonn 1841 ein RK aus sechs Tieren gefunden wurde, der sich als Stopfpräparat im Zoologischen Institut der Universität Bonn befindet. Nach Blasius (1857) soll es sich bei diesem Exemplar um Wanderratten gehandelt haben. Das Etikett trug jedoch die Aufschrift: „*Mus rattus* L., VII. 19 b. Bonn-Georgi". Wie Abb. 4 ausweist, befanden sich die Tiere auf einer runden nestartigen Unterlage. Die Größe der Ohren, welche bei Stopfpräparaten meistens umklappen und etwas eintrocknen, lassen aber mit ziemlicher Sicherheit darauf schließen, daß es sich bei diesen Tieren tatsächlich um Hausratten handelt.

Nach Auskunft von Herrn Dr. von Lehmann am 24. 10. 1963 und Herrn Dr. J. Niethammer am 23. 12. 1963 können sich weder Herr Professor Wurmbach, der das Institut noch aus der Zeit vor dem zweiten Weltkrieg kennt, noch der derzeitige Präparator, Herr Breiner, erinnern, diesen Rattenkönig gesehen zu haben. Da das Institut während des zweiten Weltkrieges schwerste Kriegsschäden erlitten hatte, ist das Exemplar wahrscheinlich verloren gegangen.

Abb. 4. Der Bonner Rattenkönig. — Die Aufnahme wurde wahrscheinlich 1914 durch Prof. Dr. Rich. H e s s e angefertigt.

Von den Schwanzverschlingungen hat ein anonymer Berichterstatter (A. D., Zool. Garten 1863) anläßlich eines Besuches bei S c h l e g e l[1] eine Zeichnung gesehen, die Prof. W e b e r in Bonn davon angefertigt hatte. Auch über den Verbleib dieser Zeichnung ist nichts bekannt.

L i t e r a t u r : Blasius (1857), Giebel (1859), A. D. im Zool. Gart. (1863), Brehm (1877), Steinvorth (1884), Demaison (1906), v. d. Meer Mohr (1918), Thierfelder (1963).

4. B r a u n s c h w e i g : B e l l e r m a n n (1820) gibt einen Bericht wieder, nach dem 1793 oder 1794 in Braunschweig beim Ausräumen einer Müllgrube des Kaufmann Eberhard Wiedemann in der Neuen Straße „am sogenannten Jungfernstieg" ein RK lebend gefunden und sogleich totgeschlagen wurde. Er bestand aus sieben ausgewachsenen Ratten, deren Schwänze fest miteinander verflochten waren. Es war

---

[1] Gemeint ist Dr. Franz S c h l e g e l (Bruder von Hermann S c h l e g e l, dem Ornithologen), der von 1851 bis 1864 erst Sekretär, dann Direktoriumsmitglied der Naturforschenden Gesellschaft des Osterlandes in Altenburg war und später Direktor des Zoologischen Gartens in Breslau wurde, wo er 1883 starb (vgl. Thierfelder 1963).

nicht möglich, die Tiere durch ziehen und zerren voneinander zu trennen. „Nur mit Gewalt wurden die Leiber von dem verwickelten Schwanzknauel abgerissen." Die Tiere sind dann offenbar vernichtet worden, denn der Augenzeuge Friedrich Georg Weitsch, Hofmaler und Rektor der Maler-Akademie, fügt seinem Bericht noch hinzu: „Erst nach der Zerstörung dieser Seltenheit bedauert man es, daß man sie nicht aufbewahrt und in das Naturalienkabinett geschickt hatte."

L i t e r a t u r : Bellermann (1820), Marshall (1897 n. Bttgr. 1897), Marshall (1903), Dollfus (1905/06).

5. B r a u n s c h w e i g : M e i s n e r (1818) berichtet, daß in dem Hause eines „angesehenen" Mannes in Braunschweig mehrere Tage lang ein unerträgliches Geschrei von Ratten gehört wurde, das von einer „verschwiegenen" Stelle herzukommen schien. Man ließ daraufhin ein Brett vom Fußboden aufnehmen, unter dem die Ratten sitzen mußten. Man sah dann mit großem Erstaunen, daß hier in einem kleinen, bis auf einen engen Zugang ringsum abgeschlossenen Raum, sieben große, lebendige Ratten beieinanderlagen, „die sich kaum noch rühren konnten, aber erbärmlich schrien. Alle waren mit ihren Schwänzen so fest und unauflöslich ineinander verschlungen, daß sie nicht auseinander zu bringen waren, und die ganze Gruppe an den verflochtenen Schwänzen zusammenhängend herausgenommen werden konnte".

Wann der Fund getätigt wurde und über sein weiteres Schicksal ist nichts bekannt. M a r s h a l l (1903) spricht zwar von einem RK in Braunschweig aus dem Jahre 1810; ob er aber mit diesem Fall identisch ist, kann aus seiner Bemerkung nicht entnommen werden. Ebensowenig ist klar, ob es dieser RK war, den D e m a i s o n (1906) 1884 im Braunschweiger Museum in Alkohol konserviert gesehen hat. An seine Herkunft konnte er sich nicht mehr erinnern. Auf Anfrage über den Verbleib des Stückes teilte uns Herr Dr. O. v o n F r i s c h aus dem Naturhistorischen Museum in Braunschweig am 10. 12. 1963 mit, daß dort von einem RK nichts bekannt sei. Das Präparat wird demnach wohl verloren gegangen sein.

L i t e r a t u r : Meisner (1818), Bellermann (1820), Marshall (1897, n. Bttgr. 1897), Marshall (1903), Demaison (1906).

6. B u c h h e i m b. Eisenberg/Thür.: Einer der bekanntesten und am häufigsten zitierten RK ist das im Mai 1828 in Buchheim b. Eisenberg in Thüringen gefundene Exemplar. Über die ihn betreffenden Fundumstände ist allerdings nur wenig bekannt. S c h l e n z i g , der selbst Altenburger Bürger und Mitglied der Naturforschenden Gesellschaft des Osterlandes war, berichtet darüber 1853 folgendermaßen: „Der Müller Steinbrück in Buchheim bei Eisenberg ließ 1828 anfangs Mai

in seiner Behausung die Mauern an einem Kamin aufreißen und fand unter dem Schutt einen vertrockneten Rattenkönig von 27 Stück ausgewachsenen Ratten. Alle sind mit den Schwänzen nahe an der Wurzel ineinander verwachsen und sehen schwarz wie Ruß aus, als wären sie verbrannt. An allen Ratten ist fast kein Haar zu bemerken. Der Müller Steinbrück schenkte diesen Rattenkönig am 6. Mai 1828 der Naturforschenden Gesellschaft des Osterlandes zu Altenburg, welche ihn noch heute in einem Glaskasten im Museum aufbewahrt. Nähere Nachrichten hat die Gesellschaft von dem Müller nicht erhalten." Das Exemplar befindet sich auch heute noch wohlbehalten im Naturkundlichen Museum „Mauritianum" in Altenburg.

Über die Anzahl der an diesem RK beteiligten Individuen hat lange Zeit Unklarheit geherrscht. Die meisten Autoren führen zwar, wie S c h l e n z i g (1853) 27 Ratten an, L e u n i s (1860) führt aber 23 Tiere auf, L ü b e n (1848) spricht von 28 Ratten und nach H a s e (1914) soll er aus 31 Ratten zusammengesetzt sein. Eine sorgfältige Nachuntersuchung, die der jetzige Leiter des „Mauritianum", Herr Horst G r o s s e , am 16. 10. 1963 vornahm, „bei der die einzelnen Ratten numeriert wurden, ergab die Zahl von 32 Stück. Davon sind 27 einwandfrei erkennbar und 5 Stück liegen verdeckt oder sind nicht mehr vollständig vorhanden". Die unterschiedlichen Angaben der einzelnen Autoren sind insofern erklärlich, weil sich das Präparat in einem verklebten Glaskasten befindet. Für die jetzt durchgeführte Zählung wurde der Kasten aber geöffnet und der Rattenkönig herausgenommen.

Über die Artzugehörigkeit der Tiere teilte Herr G r o s s e weiter mit, daß er geneigt ist, sie nach der Schädelform als Hausratten anzusprechen. Auch S c h l e n z i g (1853) führte den Fall bei der Besprechung der Hausratte an.

Nach Untersuchungen, die Hase 1 9 1 4 durchführen konnte, sind die Schwänze der Tiere teilweise rechtwinklig abgebogen und der ganze Knoten noch mit Kotbrocken etwas verbacken gewesen. Von manchen Tieren sind auch die Hinterfüße mit in den Schwanzknoten einbezogen. Die Krallen der Füße sind sehr scharf, also nicht abgenutzt. Nach einer handschriftlichen Notiz wurden durch ihn von 17 Tieren die folgenden Schädelmaße notiert: je 1 mal 34, 38 und 39 mm; je 2 mal 33, 35, 40 und 41 mm; je 3 mal 37 und 42 mm. Die Ratten waren also sicher nicht gleichaltrig.

Eine bildmäßige Darstellung des Buchheimer Falles findet sich bei S c h l e n z i g (1853) auf Taf. III. Sie ist offenbar die verkleinerte Wiedergabe eines Kupferstiches, von dem sich im Haseschen Nachlaß eine Photographie befindet. Das Original soll sich (1914?) in der Universitätsbibliothek zu Jena befunden haben. Ein Photo des von oben gesehenen Präparates befindet sich im Orion, 1952, S. 119. Abb. 5 zeigt denselben RK von unten.

Literatur: Cuvier (1831), Kaup (1835), Voigt (1835), Kilian (1838), Treitschke (1840/43), Lüben (1848), Schlenzig (1853), Rebau (1857), Giebel (1859), Leunis (1860), A. D. im Zool. Gart. (1863), Brehm (1877), Steinvorth (1884), Marshall (1897, n. Bttgr. 1897), Koepert (1904), N. N. im Orion (1952), Schiffel (1959).

Abb. 5. Der Buchheimer Rattenkönig aus dem „Mauritianum" in Altenburg. — Origanalphoto von Hase aus dem Jahre 1914.

7. Dellfeld (Pfalz): Über den Fund dieses RK liegen zwei briefliche Mitteilungen des Lehrers Mayer in Dellfeld an Prof. Doederlein aus dem Jahre 1895 vor. Danach wurde der RK Anfang April 1895 in gefrorenem Zustande ganz in Heu verwickelt von Dreschern in der Schulscheune gefunden. Er sollte gerade einigen Hunden vorgeworfen werden, als der Lehrer hinzukam und ihn durch sein Eingreifen für die Wissenschaft rettete. Er ließ ihn erst zwei Tage auftauen, legte ihn

30   Die bisher gefundenen Rattenkönige

dann in Spiritus und schickte das Präparat am 9. Juli 1895 an das Zoologische Museum in Straßburg (Abb. 6).

Abb. 6. Der Rattenkönig aus Dellfeld. — Das Bild ist nach einer Photogravüre angefertigt, die als Illustration für einen Artikel in den „Bulletin de l'Association Philomatique d'Alsace et de Lorraine" gedacht war, dort aber nicht mehr erschienen ist. Die Vorlage dazu stammt von Dr. A. B u r r, Conservator am Zool. Mus. Straßburg, und ist wahrscheinlich 1921 angefertigt worden.

Das Exemplar besteht aus zehn mit den Schwänzen verknoteten Hausratten, die bei einer Kopf-Rumpf-Länge von 13—14 cm anscheinend gleichaltrig sind. Drei von den zehn Ratten sind am Vorderende angefressen; vom Kopf und den vorderen Gliedmaßen sind nur noch Haut- und Knochenreste vorhanden. Lehrer M a y e r bemerkt dazu in einem Schreiben an D o e d e r l e i n vom 23. 7. 1895, daß diese Beschädigungen nicht von den Hunden oder später von Katzen herrühren könnten, denn diese seien nicht an die Ratten herangekommen. Er vermutet vielmehr, daß sich die Ratten gegenseitig angenagt hätten, denn die Schädelknochen hätten noch die Spuren der Nagezähne gezeigt, als das Präparat noch nicht im Alkohol lag. Bemerkenswert ist ferner, daß in dem Schwanzknoten auch Heuhalme mit eingeflochten waren (Abb. 7). Die gleiche Abbildung kehrt in verkleinertem Maßstabe auch bei Reh (1926) wieder, ohne jedoch diese Feinheiten erkennen zu lassen.

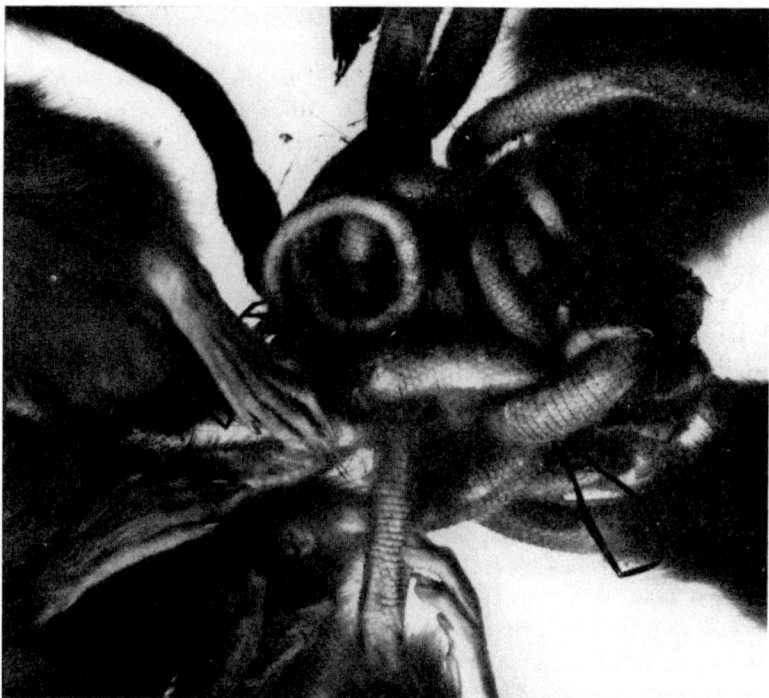

Abb. 7. Der Rattenkönig aus Dellfeld. Großaufnahme des Schwanzknotens; zu beachten sind die in ihm eingeschlossenen Heureste. — Aufn. Dr. B u r r, 1921.

Es ist wohl nicht notwendig, die Beschädigungen der drei Ratten damit zu erklären, daß sich die Tiere gegenseitig angefressen hätten. Solche Verletzungen können auch von anderen Ratten herrühren, die ihre Artgenossen gern in frischtotem Zustande anfressen. Diese Frage könnte nur noch durch Mageninhaltsuntersuchungen der noch unverletzten Individuen geklärt werden. Nach Auskunft von Herrn Studienrat L. H e r t z o g vom 6. 4. 1964 befindet sich noch ein RK im Zologischen Museum von Straßburg; wahrscheinlich handelt es sich dabei um dieses Exemplar.

Literatur: Scherdlin (1919), Reh (1926).

8. D i e s k a u b. Halle (Saale): Auf den Dieskauischen Gütern wurden 1722 in einem Erbsenfaß eine Menge Ratten gesehen. Das Faß wurde schnell zugedeckt und die Ratten anschließend mit kochendem Wasser übergossen. Als die Tiere tot waren, fand man 12 Ratten, die mit den Schwänzen verbunden waren, so daß sie einen dicken und großen Knoten miteinander bildeten. Das Exemplar wurde dann nach Dresden gebracht und in der Königl. Naturalienkammer abgegeben, wo es in Alkohol konserviert wurde. Nach B e l l e r m a n n (1820) soll dort zu der Zeit noch ein RK in Spiritus gezeigt worden sein, B. konnte aber nicht angeben, ob dieser mit dem aus Dieskau identisch gewesen ist. Auch K i l i a n (1838) spricht von einem Präparat, das sich in Dresden befinden soll. Wie uns Herr Dr. G ö t z vom Staatl. Museum für Tierkunde aus Dresden am 17. 2. 1964 mitteilte, sind bei einem Museumsbrand im Jahre 1849 außer den Sammlungen auch die Kataloge abhanden gekommen, so daß dieser RK als verloren gelten muß.

Literatur: Lieffmann (1723), Witt. Wochbl. (1774), Bellermann (1820), Voigt (1835), Kilian (1838), Marshall (1903), Dollfus (1905/06).

9. u. 10. D ö l l s t ä d t, Kr. Erfurt: Als im Dezember 1822 Drescher in der Scheune des Forsthauses ein lautes Quieken vernahmen, suchten sie mit Hilfe des Knechtes nach und fanden in dem Tragbalken eine etwa 15 cm tiefe Höhle, in der zahlreiche Ratten saßen. Das Loch war völlig rein gehalten und enthielt keine Reste von Nahrungsmitteln oder dergleichen. Auf dem Boden über dem Balken hatte das ganze Jahr über ungedroschenes Getreide gelegen, so daß Futter genügend vorhanden war. Als die Tiere aus dem Loch herausgestoßen und auf die Tenne gefallen waren, sahen die Leute mit Staunen, daß 28 Ratten mit ihren Schwänzen fest aneinanderhingen und um diesen Schwanzknoten regelmäßig im Kreise verteilt waren. Ein zweites ebenso miteinander verstricktes Gebilde bestand aus 14 Ratten. „Alle 42 schienen von großem Hunger geplagt zu sein und quiekten fortwährend, sahen aber durchaus gesund aus; alle waren von gleicher, und zwar so bedeutender Größe, daß sie jedenfalls vom letzten Frühjahr sein mußten. Ihrer Färbung nach zu schließen waren es Hausratten" (B r e h m 1877). Demnach müssen die Tiere etwa 9 Monate alt gewesen sein.

Der aus den 14 Ratten bestehende RK wurde lebend in die Stube des Forsthauses getragen und dort von vielen Menschen betrachtet. Anschließend wurden die Tiere mit Dreschflegeln erschlagen und mit

Mistgabeln auseinandergezerrt. Dabei rissen drei Tiere ab und die Schwänze blieben in dem Knäuel stecken. Die Enden „zeigten aber die Eindrücke, welche sie von den anderen Schwänzen bekommen hatten, ganz wie Riemen, welche lange miteinander verflochten gewesen sind" (B r e h m 1877).

Der aus 28 Ratten bestehende RK wurde in den Gasthof getragen und dort öffentlich zur Schau gestellt. Am Ende wurde auch er „jämmerlich gedroschen, todt auf den Düngerhaufen geworfen und nicht weiter beachtet" (B r e h m 1877). Bildliche Darstellungen und Präparate sind somit von diesen Exemplaren nicht angefertigt worden.

L i t e r a t u r : Lenz (1835), Lüben (1848), Lenz (1851), Giebel (1859), Lenz (1860), Brehm (1877), Steinvorth (1884), Marshall (1897 n. Bttgr. 1897), Kunze (1898), Marshall (1903), Koepert (1904), Dollfus (1905/06), v. d. Meer Mohr (1918), Ehrlich (1944), Schiffel (1959).

11. D o r n d o r f Bez. Gera: Anfang März 1725 hatte Gottfried Wilhelm Berger, Schneidemüller in Dorndorf, in der dortigen herrschaftlichen Mühle auf dem obersten Boden zwischen Scheinboden und Taubenschlag einen RK entdeckt, der aus 11 Ratten bestand, „deren Schwänze in der Mitte alle zusammen gewickelt, wie verflochten gewesen" (H e l l e r n 1731). Von diesem ist das eine Tier größer als die anderen gewesen. Den Fundumständen nach wird es sich hier um einen Wurf Hausratten mit ihrer Mutter gehandelt haben. Die Tiere wurden von B. totgeschlagen und anschließend dem dort tätigen Müller Richter und mehreren anderen Personen gezeigt. Als auch diese bestätigten, daß die Ratten mit ihren Schwänzen ineinander verwickelt waren, wurde der RK in den Mühlbach geworfen.

L i t e r a t u r : Hellern (1731), Kunze (1898).

12. D ü s s e l d o r f : Nachdem sich dieser RK als Stopfpräparat bis zum Jahre 1903 in Privatbesitz befunden hatte, ging er als Geschenk in den Besitz der naturwissenschaftlichen Sammlung des Gymnasiums und Realgymnasiums über. Angeregt durch die ablehnende Haltung, welche M a r s h a l l (1903) gegenüber der Echtheit jeglicher RK einnahm, hat sich A h r e n d (1903) nachträglich um die Aufklärung der Fundumstände dieses RK bemüht und dazu übereinstimmende Erklärungen der bei dem Fund anwesend gewesenen Zeugen beigebracht. Nach seinen Ermittlungen hatte sich die Entdeckung des Exemplars in folgender Weise abgespielt: „In dem Häutelager von Erwig, das dicht bei der alten Schlachthalle in Düsseldorf lag, fanden sich viele Ratten vor und man war natürlich eifrig bemüht, möglichst viele dieser Tiere zu töten. Am 2. Feburar 1880 wurde der ... Fuhrunternehmer Herr Ch. Fischer ... auf ein ungewöhnliches Gequieke von Ratten aufmerksam, das vom Mauerwerk am Dache herzukommen schien. F. holte

eine lange Leiter, nahm auch ein Stück Latte mit und brach an der betreffenden Stelle einen Stein aus dem Mauerwerk los. Hierdurch wurde eine Ratte bloßgelegt und der Kopf derselben sichtbar. F. erdrückte dieselbe mit der Latte, so daß der Kopf zerquetscht wurde. Der noch heraushängende Teil des toten Tieres wurde dann von einer unsichtbaren Gewalt in die Öffnung zurückgezogen. F. brach noch zwei weitere Steine aus der Mauer und konnte nun mit der Latte noch sieben andere lebende, mit den Schwänzen zusammenhängende Ratten (*Mus rattus*) herausheben, die dann aus der Höhe von ungefähr zehn Metern auf den Boden des Lagerraumes herunterfielen. Die achte tote Ratte war mit dem Schwanze noch mit denen der anderen vereinigt."

Dem Fund wurde zunächst keine weitere Bedeutung beigemessen, so daß die Tiere achtlos auf einen Schutthaufen kamen, wo „Asche und andere Sachen" lagen. Als sich aber das seltsame Ereignis in der Stadt herumsprach, wurde der RK noch am gleichen Abend bei Laternenschein aus dem Schutt herausgesucht und von W. D e c k e r s für fünf Mark erworben. Dieser übergab das Exemplar dem Präparator Josef G u n t e r m a n n zum Ausstopfen. „Guntermann hat die Schwänze der Tiere sorgfältig von jeglichem Klebstoff gereinigt, so daß nur die Verschlingung geblieben ist." In dem Präparat sind nur noch sieben Ratten miteinander vereinigt, von der achten berichtet A h r e n d , daß sie sich nicht selbst aus dem Verbande befreit, sondern passiv, offenbar bei dem Fall oder dem nachträglichen Hantieren mit den Tieren einschließlich ihres Schwanzes losgelöst worden ist.

Eine andere Version über die Umstände, unter denen dieser RK entdeckt wurde, teilte B e c k m a n n (1880) mit. Nach ihm hat sich der Vorgang folgendermaßen abgespielt: „Die Ratten wurden in einem Nebenhause der Schlachthalle zu Düsseldorf in einem Stallraum unter altem Gerümpel in einem Kessel entdeckt, dessen Boden mit einer dicken Schicht von Kuhhaaren, Talg und anderen thierischen Abfällen gefüllt war. Der Finder schlug eine Ratte nach der anderen todt, sobald eine solche auftauchte, und entdeckte erst beim Ausschütten des Gefäßes auf den Kerichthaufen, daß sämtliche Ratten einen zusammenhängenden Klumpen bildeten. Durch Zufall erfuhr ein Düsseldorfer Thierfreund von dem sonderbaren Fund, und seinen sofortigen Nachforschungen gelang es, den Rattenkönig noch am selben Abend dem Präparator Guntermann zu überliefern."

Zu dieser Darstellung bemerkt A h r e n d lediglich, daß B e c k m a n n seine Informationen wahrscheinlich nur von Leuten erhalten habe, „die der Sache nicht weiter nachgeforscht haben". Welche der beiden Lesarten zutreffend ist, läßt sich heute wohl kaum noch entscheiden. Dies ist angesichts der Tatsache auch unerheblich, denn an der Echtheit dieses Falles selbst besteht kein Zweifel.

Über das Aussehen der Ratten und die Form des Schwanzknotens macht B e c k m a n n (1880), der den RK offenbar bei G u n t e r m a n n gesehen und gezeichnet hat, noch folgende Angaben: „Die Ratten gehörten der dort (in Düsseldorf) nicht selten vorkommenden Species der schwarzen Hausratte *(Mus rattus)* an; sie waren zu fast $^3/_4$ ausgewachsen, sämtlich wohlbeleibt, ohne eine Spur von krankhaftem Aussehen und bildeten augenscheinlich ein und denselben Wurf. Von den ursprünglichen 8 Theilnehmern dieses unfreiwilligen Verbandes war bereits ein Exemplar auf dem Transport oder infolge des Erschlagens abgelöst. Die Schwänze der übrigen 7 Ratten waren in einem zolldicken, zusammengefilzten Klumpen, aus Talg, Lehm und dergleichen bestehend, fest umschlossen, und erst nach der sehr mühsamen Beseitigung dieser Umhüllung durch den Präparator ward die sonderbare Umschlingung der Schwänze sichtbar, wie dies unsere Abbildung zeigt (vgl. Abb. 8). Die regelmäßige kranzförmige Verteilung der Ratten um den im Centrum des Kreises liegenden Schweifknoten ist selbstverständlich nur das Verdienst des geschickten Präparators ... Die Verschlingungen der Schwänze waren an den meisten Punkten mehr oder weniger verschiebbar und nur an den wenigen ganz eng eingeschnürten Stellen unbeweglich verknüpft. Eine Verwachsung der Schwänze untereinander war nirgends wahrzunehmen, wohl aber zeigten sich an zwei Stellen die davon auslaufenden Schwanzenden durch die Abschnürung zu einem bandartig platten Hauptstreifen zusammengeschrumpft."

Das Präparat, in dem sieben statt der ursprünglich vorhandenen acht Ratten vereinigt sind, befand sich anfangs in Privatbesitz von W. D e c k e r s. Nach dessen Tode gelangte es als Geschenk in die Sammlung des Gymnasiums und Realgymnasiums in Düsseldorf, wo es nach O t t o (1931/32) noch bis zum Anfang der dreißiger Jahre dieses Jahrhunderts erhalten geblieben ist. Nach Auskunft des Schulverwaltungsamtes in Düsseldorf vom 12. 5. 1964 wollen zwei Lehrkräfte den RK in den Jahren zwischen 1914 und 1925 an zwei verschiedenen höheren Schulen gesehen haben. Beide Schulen sind während des letzten Krieges zerstört worden, wobei wahrscheinlich auch das Präparat mit abhanden gekommen ist.

Wir sind in der glücklichen Lage, von diesem RK zwei bildmäßige Darstellungen zu besitzen. Zuerst hatte B e c k m a n n (1880) eine Zeichnung von demselben mit seinem Signum veröffentlicht, in der die Lage der Tiere zueinander festgehalten ist und daneben noch die Schwanzverschlingungen in dem Knoten vergrößert wiedergegeben werden (Abb. 8). Das Bild trägt die Unterschrift: „Ein Rattenkönig. Nach der Natur gezeichnet von Ludwig Beckmann". Und zweitens hat A h r e n d (1903) seinem Aufsatz eine Photographie von dem Präparat beigegeben. Letztere ist zwar in ihrer typographischen Wiedergabe nicht gut ge-

Abb. 8. Der Rattenkönig aus Düsseldorf.
Zeichnerische Darstellung der Schwanzverschlingungen
von Ludwig B e c k m a n n (1880).

lungen, läßt aber doch noch deutlich erkennen (wenn eins der beiden Bilder um 180 Grad gedreht wird), daß sich die Schwanzverschlingungen beider Darstellungen genau entsprechen. Wenn B e c k m a n n seine Zeichnung noch vor der Fertigstellung des Präparates angefertigt hat, dann müßte G u n t e r m a n n den Schwanzknoten in seiner ursprünglichen Lage gelassen und nur die Körper der Tiere, nicht aber ihre Schwänze präpariert haben.

L i t e r a t u r : Beckmann (1880), Marshall (1897, n. Bttgr. 1897), Ahrend (1903), Marshall (1903), Koepert (1904), v. d. Meer Mohr (1918), Otto (1922), Reh (1926), Otto (1931/32), Ehrlich (1944).

13. E r f u r t : Als 1772 in Erfurt ein alter Getreidespeicher in der Schlössergasse gegenüber der Lorenzkirche abgerissen werden mußte, fanden die Arbeiter in einem Zwischenboden einen RK, der aus zwölf Hausratten bestand. Da die Tiere nicht fortlaufen konnten, wurden sie gleich totgeschlagen.

Nach einem von B e l l e r m a n n (1820) wiedergegebenen Bericht von Dr. S c h u c h a r d , wurde dieser RK unmittelbar danach von ihm in einem Eimer in die gegenüberliegende Apotheke getragen, wo man versuchte, die Schwänze zu entwirren. Als dies nicht gelang, sollten sie mit Gewalt voneinander getrennt werden. Bei diesem Versuch riß eins der Tiere ab. Dr. S c h u c h a r d fährt dann in seinem Bericht fort: „Gern, sehr gern hätte ich die ganze Gesellschaft in Spiritus aufbewahrt, allein die damalige außerordentliche Theurung des Roggens machte auch den Spiritus zu theuer, daß es meine damaligen Kräfte überstieg[2]. Nachdem ich nun diese Wunderthiere mehrere Tage aufbewahrt, und viele Menschen sie gesehen hatten, fingen sie an zu stinken, und ich warf sie dahero auf den Schutthaufen, ... damit sie mit dem Schutt abgefahren würden." Dort wurde der RK von B e l l e r m a n n gefunden, der ihn ausführlich beschreibt und mit weiteren Zeugenaussagen belegt. Er berichtet darüber folgendes: „Es waren deren elf (Ratten), wie ich sie einigemal zählte, von der gewöhnlichen Art der Hausratten, schwärzlich-aschenfarbig, vollkommen ausgewachsen. Die Schwänze waren in einander dicht verschlungen und zusammengewachsen. Sie glichen einem Knauel von der Größe einer starken Mannesfaust, einem Knauel von Stricken, von der Stärke thönerner Pfeifenröhrchen. Die Verschlingung der Schwänze fing etwa einen Zoll von den Leibern an. Der Schwanz-Wulst ragte etwas über die Ratten empor. ... Der Knauel war der Mittelpunkt, und die elf Ratten bildeten eben so viel Strahlen oder Radspeichen, an deren äußersten Enden sich die Köpfe befanden." Als zwei junge Leute die Ratten ergriffen und mit Gewalt daran zogen, riß eine weitere nahe der

---

[2] Durch eine voraufgehende Mißernte ist 1772 ein Hungerjahr gewesen.

38 Die bisher gefundenen Rattenkönige

Schwanzwurzel ab, während der Schwanz selbst in dem Knäuel stecken blieb. B e l l e r m a n n berichtet dann weiter, „daß auf dem oberen Theile des Schwanzknauels die Schwänze wie verschlungene Stricke über und untereinander sich durchzogen, auf dem unteren aber mehr zu einem Kloß gebildet und in einander verwachsen waren, an welchem ich deutlich nur Erhöhungen wie Näthe oder Leisten gewahr wurde."

Anschließend wollte Dr. A l i x die Tiere in einem irdenen Topf im Ofen austrocknen lassen, um sie so der Wissenschaft zu erhalten. Dieser Versuch mißglückte aber, so daß von dem Exemplar nichts erhalten geblieben ist.

Eine Lithographie von diesem RK, die 21 × 21 cm groß ist und zehn mit den Schwänzen verflochtene Ratten darstellt, findet sich bei B e l l e r m a n n (1820) (Abb. 9). Die Darstellung des Schwanzknotens

Abb. 9. Der Erfurter Rattenkönig. — Aus B e l l e r m a n n 1820.

ist stark stilisiert und läßt keine Ähnlichkeit mit der von Bellermann selbst davon gegebenen Beschreibung erkennen. Wahrscheinlich ist das Bild später, evtl. erst zur Zeit der Abfassung seines Buches aus dem Gedächtnis gezeichnet worden. Dies ist um so naheliegender, als B. und seine Zeitgenossen, die den RK gesehen haben, ihn übereinstimmend und widerspruchslos beschreiben, jedoch keine Andeutung darüber fallen lassen, daß zur gleichen Zeit auch ein Bild davon angefertigt worden wäre. Die Bellermannsche Lithographie ist später von D o l l f u s (1905/06), R e h (1926) und O l t (1940) in kleinerem Maßstab übernommen worden, während P o e p p i g (1847) eine schlechte, z. T. willkürlich veränderte Nachzeichnung davon bringt, die ihrerseits wieder bei G i e b e l (1859) in gleicher Größe auftaucht.

L i t e r a t u r : Bellermann (1820), Kilian (1838), Poeppig (1847), Giebel (1859), Fitzinger (1860), Lenz (1860), Brehm (1877), Lehmann (1884), Steinvorth (1884), Kunze (1898), Dollfus (1905/06), v. d. Meer Mohr (1918), Reh (1926), Olt (1940), Schiffel (1959).

14. F l e i n b. Heilbronn: Am 28. 12. 1914 bekam H a s e das Alkoholpräparat eines RK „in nicht mehr tadellosem Zustand" aus dem ehemaligen Württembergischen Naturalienkabinett von Dr. L a m p e r t aus Stuttgart geschickt. Er bestand aus acht mit den Schwänzen verschlungenen Hausratten, die im Mai 1829 im Haus des Schultheißen in Flein lebend gefunden wurden. Nach Notizen von H a s e , die er am 3. und 4. Januar 1915 über dieses Stück anfertigte, zeigten die Schwänze keinerlei Verklebungen oder Verwachsungen, sondern nur eine Verknotung. An den Stellen, wo sie durch die Verknotung aneinander lagen, waren sie entsprechend der Druckwirkung deformiert, so wie verknotete Riemen sich gegenseitig einschnüren.

Das Exemplar (Abb. 10, 11) befindet sich heute im Staatlichen Museum für Naturkunde, Stuttgart, und wurde auf unsere Bitte von Herrn Dr. A. K l e i n s c h m i d t nachuntersucht. Aus seinem Protokoll vom 24. 6. 1964 geht hervor, daß es sich bei diesen Hausratten um acht Männchen mit einer Kopf-Rumpf-Länge zwischen 147 und 167 mm handelt. Die Schwänze einiger Tiere sind vor dem Knoten korkzieherartig um ihre Längsachse gedreht, andere auf Teilstrecken nekrotisch oder so stark eingetrocknet, daß sich die unter ihrer Haut liegenden Wirbel mehr oder weniger deutlich abzeichnen. Obwohl die Verknotung vor den Schwanzspitzen liegt, sind von wenigstens zwei Schwänzen auch die Spitzen nochmals im Bogen in den Knoten zurückgeführt.

„Die Ratten zeigen heute in der Mitte ihres Körpers große enthaarte Stellen. Ihre Schnauzen zeigen Konkremente. Es ist schwer zu entscheiden, ob es sich dabei um Blut handelt, das beim Totschlagen der Tiere aus Maul und Nase geflossen ist. Jedoch gleichen diese braunen Massen schmutzigen Borken, wie sie bei schlecht gehaltenen gefangenen Haus-

Abb. 10. Der Rattenkönig aus Flein. — Unterwasseraufnahme, Staatl. Mus. f. Naturkunde, Stuttgart. Phot. K u b e , Juni 1964.

ratten dort aufzutreten pflegen. Das Tier Nr. 4 ist völlig frei davon, während Tier Nr. 6 auf Nasenrücken und Basis der Vibrissen stark verborkt ist. Die normalerweise glatte Nasenspitze ist bei diesem Tier grob verrunzelt. Das gleiche Bild bietet das Tier Nr. 1. Diese Verhältnisse um Maul und Nase können, wenn sie schon im Leben bestanden haben, auf starke Verschmutzung des Aufenthaltsortes der Tiere zurückgeführt werden. Die Ohren sind bei allen Tieren durchgängig enthaart, wohl ein posthume Folge durch die Konservierungsflüssigkeit. Eine Verschmutzung der linken Ohrmuschel bei sehr starker Zusammenfaltung zeigt Tier Nr. 1. Hier könnte ein originaler Zustand, der schon im Leben vorhanden war, vorliegen. Die Pfoten zeigen keinerlei Verunreinigung, sowohl auf der Unterseite (zwischen den Ballen), wie auf der Oberseite und den Haarschöpfen über den Krallen. Lediglich bei Tier Nr. 8 und Nr. 4 sind mit der Lupe unwesentliche kleine Krusten dicht über den Zehenenden festzustellen." (K l e i n - s c h m i d t in litt.).

L i t e r a t u r : N. N., Orion (1952).

Deutschland

Abb. 11. Der Rattenkönig aus Flein. Großaufnahme des Schwanzknotens. — Bei der Inspektion 1964 waren die Schwänze an der in der Abb. erkennbaren Stelle mit einem Faden zusammengehalten. Wann diese Manipulation, welche offensichtlich zur besseren Erhaltung des Schwanzknotens erfolgt ist, vorgenommen wurde, ist unbekannt. Nach Art der Präparationsweise und des verwendeten Aufbewahrungsglases geschah dies sicher erst nach der Einlieferung. — Aufn. Staatl. Mus. f. Naturkunde. Stuttgart. Phot. K u b e , Juni 1964.

15. F r a n k f u r t / M a i n : In dem 1831 anonym erschienenen „Werke der Allmacht oder Wunder der Natur" befindet sich ein Bericht, demzufolge am 10. Januar 1830 im Gasthaus zum Weidenbusch ein aus 13 „vollkommen ausgewachsenen" Hausratten bestehender RK in einem Strohbündel entdeckt wurde. Die Schwänze der Tiere waren so ineinander verschlungen, „daß es schien, als wären sie zusammengewachsen.

Die merkwürdige Schwanzverschlingung hatte die Größe einer starken Mannesfaust und fing etwa einen Zoll von dem Anwachsende eines jeden Tieres an. ... Ein herbeigelaufener Hund ergriff eine der Ratten und zog so stark an ihr, daß der Schwanz dicht am Leibe abriß und im Knäuel stecken blieb. Das ganze rätselhafte Wesen wurde voreilig von Unverständigen getötet, und durch kochendes Wasser so aufgelöst, daß es zur Aufbewahrung in einem Naturalien-Kabinett nicht mehr tauglich war." Bei B r e n d e l (o. J.) kehrt diese Darstellung fast wörtlich wieder. S c h u l z (1845) und L ü b e n (1948) sprechen von einem RK aus Frankfurt a. d. Oder. Diese Angabe beruht aber sicher auf einem Irrtum, da dieser Fall sonst nirgends erwähnt wird.

L i t e r a t u r : Werke d. Allmacht oder Wunder d. Natur (1831), Brendel (o. J.), Lenz (1835), Lüben (1848), Lenz (1851), Giebel (1859), Lenz (1860), Brehm (1877), Steinvorth (1884), v. d. Meer Mohr (1918).

16. G r o ß b a l l h a u s e n b. Langensalza/Thüringen: Nach G o e z e (1787) ist am 12. Juli 1748 in der Groß-Ballheiser Mühle[3] ein aus 18 Ratten bestehender RK gefunden worden. Ihre Schwänze waren so fest ineinander verwickelt, „daß sie nicht wieder haben loskommen können". G o e z e berichtet dann weiter, daß ihm Herr von Hopfgarten einen Kupferstich von diesem RK geschenkt habe, der die Unterschrift trug: „Diese Ratten sind gefunden worden by Meister Johann Heinrich Jäger in der Groß Ballheiser Mahlmühle under den Kammprath, welcher solche zwischen zwei Steinen hervorgeholet. Den 12ten July 1748 — Pinxit Sann".

1792 führt G o e z e diesen Fall abermals auf, indem er sagt: „Der meinige, den ich vor vielen Jahren gesehen habe, saß in einer Mühle unter dem Kammrade, wo immer von oben etwas Schroot und Mehl durchkrumte, daß er zu leben hatte und bestand aus achtzehn Ratzen, auf jeder Seite neun, die so verflochten waren, daß sie allezeit mit den Körpern gegeneinander zogen, und also nicht von der Stelle kommen konnten. Ich besitze auch noch das Kupfer eines Ratzenkönigs von 18 Ratzen, der ebenfalls 1748 am 12. Julius, unweit Sondershausen, in einer Mühle gefunden war, unter welchem die Geschichte und näheren Umstände von dem Mahler beschrieben sind." — Hiernach hat es den Anschein, als ob G. von zwei verschiedenen RK spricht. Es sind aber doch wohl identische Fälle, die er nur flüchtig wiederholt, denn es ist schlechterdings unwahrscheinlich, daß ihm zwei Exemplare bekannt wurden, die am gleichen Tage, aber an zwei verschiedenen Orten und unter den gleichen Umständen entdeckt wurden und beide je 18 Ratten in sich vereinigten. — Ein Präparat wurde von diesem RK

---

[3] Wahrscheinlich handelt es sich hier um den Ort Großballhausen bei Langensalza.

Deutschland 43

offenbar nicht angefertigt. Das von G o e z e erwähnte Bild ist bislang nirgendwo aufgetaucht.

Literatur: Goeze (1787, 1792), Gotha gel. Ztg. (1792), Kunze (1898), Marshall (1903).

17. H a m b u r g : Am 8. Mai 1905 wurde in einem Speicher des Freihafens in Hamburg von einem Arbeiter ein RK gefunden und totgeschlagen. Das Exemplar bestand aus 7 wildfarbigen Hausratten, von denen eine (beim Transport?) herausgelöst wurde. Die sechs erhalten gebliebenen und mit den Schwänzen verflochtenen Ratten haben eine Kopf-Rumpflänge von 10 bis 11 cm, sind also fast gleichaltrig. Krankhafte Veränderungen an den schraubig verdrehten Schwänzen und an den Körpern sind nicht zu erkennen. Die Tiere befinden sich auch in einem normalen Ernährungszustand. Ihre Fußkrallen sind nicht abnorm lang, aber scharf und wenig abgenutzt. In dem Schwanzknoten sind etwas Stroh und einige Bindfadenreste eingeflochten; er ist auch

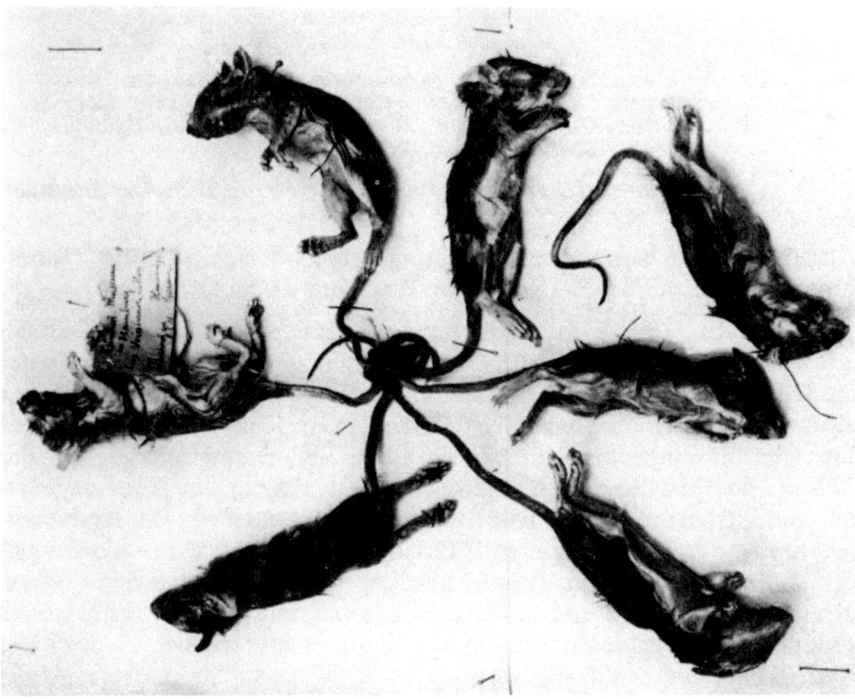

Abb. 12. Der Hamburger Rattenkönig. Für die Aufnahme wurden die Tiere aus dem Alkohol herausgenommen. Das Etikett enthält die Aufschrift: Naturhist. Museum zu Hamburg / Junge Weißbauchratten / Hans Scharnhorst ded. 8. 5. 05 / Hamburg. Speicher. — Aufn. Dr. E. M o h r .

Abb. 13. Der Hamburger Rattenkönig. Großaufnahme des Schwanzknotens. Zu beachten sind die schraubigen Verdrehungen der Schwänze und das eingeflochtene Bindfadenstück. — Aufn. Dr. E. M o h r.

verschmutzt gewesen. (Diese Angaben erfolgten nach Aufzeichnungen von H a s e.)

Das Exemplar befindet sich heute als Alkoholpräparat in der Sammlung des Zoologischen Museums in Hamburg (Abb. 12 u. 13).

18. K e u l a , Bez. Erfurt: Der einzige Hinweis auf diesen RK findet sich in einem Brief vom 19. Dezember 1914, den der damalige Kustos am Städtischen Museum Sondershausen, Edmund D ö r i n g , an H a s e richtete. Nachdem er zuvor das Vorhandensein eines RK in der Sammlung des Museums bestätigt (es handelte sich wahrscheinlich um das 1705 in der fürstlichen Hofküche gefundene Exemplar), fährt er wörtlich fort: „Gleichzeitig benutze ich gern die Gelegenheit, Ew Hochwohlgeboren ein 2. Exemplar eines Rattenkönigs in hies. Stadt nachzuweisen. Es befindet sich im Familienbesitze der Familie v. Blödau, Burgstraße 1 hier, ist in besserem Zustande, aber sehr ungeschickt in einem Fischglase untergebracht und daher kaum transportabel. ... Eins der hies. Exemplare, wahrscheinlich das v. Blödausche, stammt aus Groß-Keula im hies. Fürstentum; es ist von Frau Pastor Fleischhauer das. gefunden und vom Herrn Kommissionsrat Reif, damals Apotheker in Keula, in Spiritus gesetzt worden." Über Fundumstände, Zahl und Art der in diesen RK vereinigten Tiere wird leider nichts mitgeteilt. Nach

Mitteilung von Herrn Direktor W u r c h e (Sondershausen) vom 17. 3. 1964 sind Nachforschungen über den Verbleib dieses RK nicht mehr möglich, weil die Nachkommen der Familie v. Blödau nicht mehr am Ort leben.

19. K i e l : Zur Beschreibung dieses RK, dessen Fund wahrscheinlich in das Jahr 1690 zu verlegen ist, gibt S c h e l l h a m m e r (1691) in seiner lateinisch verfaßten Schrift einen dramatischen Bericht. Danach wurde in dem Hause eines vornehmen Mannes in der Anrichte der Küche unter dem Estrich oft ein gewisses Zischen vernommen, und man sah auch bisweilen Ratten aus einer Öffnung des beschädigten Fußbodens hervorkommen. Um die diebischen Gäste zu töten, wurde kochendes Wasser in das Loch gegossen, worauf sogleich vier Ratten heraussprangen. Das Zischen und klägliche Pfeifen hörte aber nicht auf. Daraufhin wurden Ziegelsteine ausgehoben und man sah eine Ratte, die aber nicht fortlief. Die Magd ergreift sie mit einer Feuerzange und reißt sie heraus, hatte aber nur den Körper, denn der Schwanz war abgerissen und zurück geblieben. Daraufhin faßt sie noch ein zweites Mal zu und zieht nun mit Mühe „ein großes Monstrum" hervor. Es waren 14 ausgewachsene Ratten, die alle mit ihren Schwänzen aneinander hingen und laut schrien. In der Mitte waren die Schwänze wie das Haupthaar der Megära oder wie das der Medusa ineinander verschlungen. Sie konnten keinesfalls fortlaufen, denn die Vorderkörper und Köpfe waren im Kreise um den Schwanzknoten herum angeordnet. Die Tiere wurden sofort in den Abort geworfen und dort ertränkt.

Die beiden B e c k m a n n (1751) zitieren S c h e l l h a m m e r (1691) und geben den Fund aus Jena stammend an. Es liegt hier offensichtlich eine Verwechslung vor, weil S c h e l l h a m m e r selbst in Jena ansässig war.

L i t e r a t u r : Schellhammer (1691), Valentini (1714), Lieffmann (1723), Lincke (1727), Hellern (1731), Beckmann (1751), Wittenbg. Wochenbl. (1774), Bellermann (1820), Dollfus (1905/06), Reh (1926).

20. K r o s s e n b. Luckau/Niederlausitz: Die beiden Chronisten J. C. und B. L. B e c k m a n n (1751) geben einen Bericht über den Fund eines RK wieder, der am 8. Juni 1694 bei Krossen in der Bobermühle gefunden wurde. In ihm sind 15 Ratten mit ihren Schwänzen „wie ein Frauenzopf oder eine geflochtene Semmel" vereinigt gewesen. Einige der Schwänze hatten ihre ursprüngliche runde Form eingebüßt „und haben gleichsam wie zerquetscht ausgesehen", sind also — wie das auch von anderen derartigen Schwanzverschlingungen bekannt ist — an den Berührungs- und Knickstellen abgeflacht gewesen.

Nachdem die Tiere aus ihrem Versteck hervorgeholt waren, versuchte man vergeblich, sie mit einem Besen auseinanderzubringen und zu erschlagen. Sie wurden dann in kochendem Wasser getötet. Danach hängte man den RK an einer Eiche auf, wo er „von viel hundert Leuten besehen worden", bis er schließlich in die Stadt getragen wurde, wo er ebenfalls zur Schau gestellt, „endlich aber hinters Schloß geworfen worden und daselbst verfaulet".

Literatur: J. C. u. B. L. Beckmann (1751).

21. Langensalza, Thüringen: Im Wittenbergischen Wochenblatt von 1779 befindet sich der Bericht von einem RK, der am 26. Dez. 1748 im Kloster St. Bonifacii zu Langensalza entdeckt wurde. Als die Viehmagd morgens die Kühe füttern wollte, fand sie den tags zuvor mit Schrot halb gefüllten und zugedeckten Wassereimer mit Ratten besetzt. Sie deckte den Eimer gleich wieder zu, um Leute herbeizurufen, die die Ratten totschlagen sollten. Der Eimer wurde auf den Hof getragen und der Deckel abgenommen. Als keine Ratte herausspringen wollte, wurde der Eimer umgestoßen und es fiel ein ganzer Klumpen von Ratten heraus, von denen keine weglaufen wollte, obgleich sofort auf sie eingeschlagen wurde. Als man sich den Klumpen genauer besah, zählte man 10 Ratten, die mit den Schwänzen so fest ineinander verschlungen waren, daß man sie mit einer Strohgabel forttragen konnte. Die Spitzen der Schwänze ragten aus dem Knoten etwa $1/4$ Zoll oben heraus „und stellten so zu sagen eine Krone dar".

Nachdem die Herzogin von Weißenfels den RK genau betrachtet hatte, sollte er von dem Stadtarzt Dr. Menz in Alkohol konserviert werden. Der herzogliche Leibarzt Dr. Koch wollte ihn aber vorher genauer untersuchen, war darin aber zu weit gegangen, indem er die zehn Ratten mit Gewalt auseinanderriß, wobei „die Schwänze die Haut hatten fahren lassen. Jedoch war die Haut von den zehn Schwänzen, so wie solche zusammen gewachsen gewesen, im Klumpen verblieben". Alle zehn Ratten waren Männchen und gut genährt; ihr Rücken war schwarzgrau, am Bauch waren sie grauweiß „und hatten sehr lange Bärte". Es handelte sich demnach um Hausratten.

Der Berichterstatter fügt schließlich noch hinzu, daß der sächsische Wasserbau-Commisarius, Herr Wagner, der diesen RK lebendig und tot gesehen, ihn „vielfältige mal mit lebendigen Farben abgemalet hat". Von diesen Bildern ist leider nie etwas bekannt geworden.

Weil dieser RK in der später erschienen Literatur nicht weiter erwähnt worden ist und die Fundumstände auch für die Geschichte der Rattenbekämpfung von allgemeinem Interesse sind, sei hier noch etwas näher darauf eingegangen. In dem Klostergut wurde alljährlich das Zinsgetreide gelagert, wodurch sich sehr viele Ratten dorthin zogen. Ein besonderer Sammelplatz der Schädlinge war ein alter Pferdestall, in dem Reisbunde (?) eingelagert waren. Um die Überhandnahme der Ratten zu verhüten, wurde ein Kammerjäger damit beauftragt, sie zu vertilgen. Dafür wurden an verschiedenen Örtlichkeiten, besonders aber in dem Pferdestall „auf den Balken Gift in dazu verfertigten viereckigen Kasten ausgesetzt, woran täglich eine beträchtliche Anzahl solcher Ratzen crepierten". Der Gebrauch von Rattenfutterkisten, wie er heute in der Bekämpfungstechnik gang und gäbe ist, ist demnach keineswegs eine Erfindung der Neuzeit, sondern schon ein recht altes Verfahren, wenn Giftköder gesichert ausgelegt werden sollten. Der Berichterstatter fährt dann fort: „Als einige Zeit hernach die Reisbunde aus dem... Pferdestall geräumt wurden, hat sich in der Mitte derselben zwey Ellen hoch vom Fußboden, das runde Nest dieses Ratzenkönigs, zwey Ellen im Durchschnitt breit, theils von Stroh, und um denselben herum, so wie im ganzen Reißhaufen, eine große Menge verweser Ratzen gefunden. Daher läßt sichs muthmaßen, daß diesem Ratzenkönige das Futter von anderen Ratzen zugetragen worden sey. Nachher aber, da selbige von dem gefressenen Gifte unterwegs crepiret, dieser Ratzenkönig, vom Hunger genöthiget, sich selbst aufmachen müssen, seine Nahrung zu suchen." Dabei muß der RK durch eine Öffnung in der Verbindungstür in den Kuhstall gelangt sein und dann ein Loch in den zugedeckten Eimer genagt haben. Wie sich die miteinander verbundenen Ratten fortbewegt haben mögen „kann man nicht sagen, weil selbige zu geschwind todt geschlagen worden".

Es ist schon anerkennenswert, mit welchem Interesse sich unsere Vorfahren darum bemüht haben, aus den gegebenen Umständen das Verhalten eines RK zu erschließen. Im vorliegenden Falle ist es aber unwahrscheinlich, daß sich die miteinander verbundenen zehn Ratten gemeinsam auf Futtersuche begeben haben und dabei durch ein selbst genagtes Loch in den Futtereimer gelangt sind. Wie uns die Geschichte des Berliner RK lehrt, kann unter günstigen Bedingungen eine Verwicklung der Schwänze sehr schnell eintreten. Es liegt viel näher anzunehmen, daß die Ratten einzeln durch das Loch in den Eimer gelangt sind und die Schwanzverflechtung erst dann eintrat, als sie in der Höhlung zwischen Deckel und Schrot beieinander waren.

Literatur: Wittenberg. Wochenbl. (1779).

22. Leipzig: Lieffmann (1723) erwähnt einen RK, der sich als Mumie im Privatbesitz von Dr. Petermann in Leipzig befunden hat. Er ist (dort?) beim Abbruch einer alten Mauer in einer Höhlung tot und vertrocknet aufgefunden worden. Der RK bestand aus „viel Leiber und Köpfe" (ihre Zahl ist nicht angegeben) und die Schwänze waren in der Mitte so fest „in einander verwunden, daß auch ein Riemer die Riemen nicht so verstricken kann". Lieffmann schrieb dies 1722. Ob dieses Jahr auch mit dem der Auffindung des RK identisch ist, geht aus seinem Bericht nicht hervor. Das Präparat ist seitdem nie wieder gesehen worden und kann demnach als verloren gelten.

Literatur: Lieffmann (1723), Bellermann (1820), Marshall (1903), Dollfus (1905/06).

23. Leutershausen b. Weinheim/Bergstraße: Nach einer Mitteilung von Kilian (1844) wurde am 15. März 1844 in Leutershausen

ein aus sieben völlig ausgewachsenen Ratten bestehender RK gefunden. In dem Keller des dort ansässigen Bürgers Jakob G r a m m machte er sich durch ein „vielstimmiges Geschrei" bemerkbar und wurde dann in einem abgeschlossenen Winkel entdeckt. Die Schwänze der Tiere waren „in der Art verbunden, daß sie sich unmöglich trennen konnten". Die Ratten wurden sogleich getötet, bis auf eine, die „sich gewaltsam losgerissen und unter Verlust ihres Schwanzes entkommen war".

Als K i l i a n , der als Schriftleiter der Jahresberichte des Mannheimer Vereins für Naturkunde ein wissenschaftliches Interesse an der Rattenkönigfrage hatte, von dem Fund erfuhr, bemühte er sich sofort, das Exemplar lebendig oder tot zu bekommen. Er konnte aber nur noch in Erfahrung bringen, daß die Tiere auf den Dunghaufen geworfen wurden und wenige Tage darauf mit dem Dünger auf den Acker kamen, wo sie nicht mehr aufzufinden waren.

L i t e r a t u r : Kilian (1844), Schlenzig (1853).

24. L i c h t e n p l a t t e bei Eulbach i. Odenwald: Aus unserem Jahrhundert beschreibt O l t (1940) einen RK. Er wurde in der Hofreite Lichtenplatte bei Eulbach im Odenwald entdeckt, als die Bewohner dieses einsam gelegenen Forsthauses „tagelang ein unerträgliches Quietschen im Schweinestall hörten. Beim Nachsuchen fanden sie unter dem Holzrost einen Klumpen zusammenhängender Ratten, die sie sofort erschlugen und im Mist vergruben". O l t ließ die Tiere wieder ausgraben und stellte fest, daß die Schwänze nur ineinander verwickelt, nicht aber verwachsen waren.

O l t fügte seinen Ausführungen ein 5,5 mal 8,5 cm großes, etwas unscharfes Foto bei. Es stellt fünf mit den Schwänzen verknotete Ratten dar. Ursprünglich bestand der RK aus sieben Tieren; zwei davon rissen ab, als sie erschlagen wurden. Über ihre Artzugehörigkeit wird nichts ausgesagt. Das Foto läßt aber doch soviel erkennen, daß es sich nach Färbung, Größe der Ohren und Länge der Schwänze sehr wahrscheinlich um fast ausgewachsene wildfarbige Hausratten gehandelt hat. Als Präparat sind die Tiere wahrscheinlich nicht aufgehoben worden, denn sonst hätte der Autor sicher etwas darüber verlauten lassen. Das Datum des Fundes ist von ihm ebenfalls nicht mitgeteilt worden. Vermutlich stammt er aus dem Ende der dreißiger Jahre.

L i t e r a t u r : Olt (1940).

25. L ü n e b u r g : Am 15. April 1883 wurde im Hinterhause des Kaufmanns Ohlert in der Bäckerstraße ein RK gefunden. Er machte sich durch lautes Quieken unter dem Sitzbrett eines Abortes bemerkbar. Da zu befürchten war, daß die Ratten beim Öffnen des Sitzes entkommen würden, wurden sie nacheinander, so wie man sie errei-

chen konnte, erschossen und, „nachdem die meisten erlegt waren, im Freien erschlagen". S t e i n v o r t h (1884) sicherte sich diesen Fund für die Sammlung des Naturwissenschaftlichen Vereins zu Lüneburg und konservierte ihn in Alkohol. Nach seiner Beschreibung handelte es sich um acht Ratten, deren Körper etwa so groß wie die fast erwachsener Hausratten oder halb erwachsener Wanderratten gewesen sind. Die Fellfarbe der meisten dieser Ratten war grauschwarz, „bei einigen in's Bräunliche ziehend, bei einer auf dunklerem Grunde mit großen bräunlichen Flecken am Bauche, bei einigen heller, bei anderen kaum verschieden". Diese Beschreibung läßt mit ziemlicher Sicherheit darauf schließen, daß es sich bei diesen Tieren um Hausratten gehandelt hat, obwohl S t e i n v o r t h glaubte, sie für ein Kreuzungsprodukt aus Wander- und Hausratten halten zu müssen. Da sich aber die beiden Rattenarten nicht kreuzen, können auch entsprechende Bastarde nicht vorkommen. Wenn hier auch eingewendet werden kann, daß es auch dunkelfarbige Wanderratten gibt, auf die die obige Beschreibung zutreffen könnte, so muß dem doch entgegengehalten werden, daß schwarze Wanderratten bisher nur vereinzelt zur Beobachtung gelangt sind (B e c k e r 1952) und Rattenkönige aus Wanderratten nie mit Sicherheit beobachtet wurden.

Eine von L e h m a n n (1884) wiedergegebene Zeichnung, die keinen Anspruch auf Genauigkeit machen kann, soll nach S t e i n v o r t h diesem RK nachgebildet worden sein. Im Nachlaß von H a s e befinden sich außerdem zwei nicht reproduktionsfähige Fotografien, die ein gewisser W r e d e im Februar 1915 von dem Präparat angefertigt hat. Sie stellen ein in acht gleichgroße Sektoren aufgeteiltes Gefäß dar, in dem die Trennwände nicht bis zur Mitte durchgeführt sind, sondern Platz für den zentral gelegenen Schwanzknoten lassen. In den Sektoren ist je eine Ratte untergebracht. Der die Tiere zusammenhaltende Schwanzknoten ist langgestreckt und setzt nicht schon kurz hinter der Schwanzwurzel an, sondern erst weiter zur Mitte hin. Die Schwanzspitzen sind — wahrscheinlich nur mit einer Ausnahme — mit in den Schwanzknoten einbezogen. Die Verschlingungen der Schwänze sind so kurz und eng, wie sie auch bei anderen Alkoholpräparaten (z. B. Göttingen, Hamburg und Stuttgart) zu sehen sind. Die relative Länge der Schwänze läßt deutlich erkennen, daß es sich bei diesen Tieren um Hausratten handelt.

Nach freundlicher Auskunft von Fräulein Studienassessorin Anne-Rose O t t o vom 17. 2. 1964 hat sich das Präparat wahrscheinlich in dem Keller eines während des zweiten Weltkrieges abgebrannten Kaufhauses in Lüneburg befunden und ist dort mit verbrannt.

L i t e r a t u r : Lehmann (1884), Steinvorth (1884).

26. M o e r s a. Rhein: H. O t t o kam am 5. Oktober 1914 in den Besitz eines RK, der auf dem Dachboden eines Fruchtspeichers am Bahnhof in Moers von einem Arbeiter erschlagen wurde. Er machte sich durch lautes Quieken bemerkbar. Das Exemplar „bestand aus sieben, drei bis vier Monate alten Wanderratten" (Otto 1921, 1922 a), von denen drei Tiere etwas kleiner waren als die übrigen vier. Ihre Schwänze zeigten Verschlingungen, „als ob sich dünne Schlangenleiber durcheinanderwinden". Dort, wo sie dicht aneinander lagen, waren sie eingebuchtet, „wie man es in ähnlicher Weise bei Ästen und Zweigen wahrnimmt, die sich kreuzend reiben". Sie waren außerdem „mit einer schwarzen, schmierigen, stark klebrigen Masse, die wie Pech aussah, verkleistert".

O t t o ließ den RK für die Sammlung des naturwissenschaftlichen Vereins in Moers ausstopfen. Dabei mußte eine Ratte aus dem Verband herausgelöst werden, weil sie zu stark beschädigt war. Das von O t t o (1922 b) wiedergegebene Foto läßt eindeutig erkennen, daß dieser RK aus wildfarbigen Hausratten gebildet ist. Außerdem muß auch der Fundort auf dem Dachboden Zweifel an der richtigen Artbestimmung aufkommen lassen. Es ist jedenfalls naheliegender, daß dort Hausratten genistet haben, als die viel lieber sich in den Erdgeschossen der Gebäude aufhaltende Wanderratte.

Der Naturwissenschaftliche Verein in Moers ist während des letzten Krieges aufgelöst worden. Nach freundlicher Mitteilung von Herrn H. S c h ü r m a n n (Kempen) vom 20. 4. 1964 ist es ihm nicht mehr gelungen, ehemalige Mitglieder des Vereins seiner Geburtsstadt ausfindig zu machen, die Auskunft über das Schicksal der Sammlung hätten geben können. Der RK darf somit für verschollen gelten.

L i t e r a t u r : Otto (1921, 1922 a, b, 1931/32), Reh (1926).

27. R o s s l a a. Harz: L i n c k e (1727) berichtet von einem Fall, nach dem im Juli 1719 in Rossla ein RK entdeckt wurde. Ein Knecht sah eine Ratte vom Boden herunterhängen und schlägt diese tot. Sie bleibt oben hängen und als eine zweite hervorkommt, tötet er auch diese. Als er die beiden Tiere herabzieht, kommt ein ganzes Bündel von neun Tieren zum Vorschein, die mit ihren Schwänzen verflochten sind. Alle Ratten waren von etwa gleicher Größe und schwarzgrau gefärbt. Es dürfte sich demnach wohl um Hausratten gehandelt haben.

L i n c k e illustriert seine Ausführungen über diesen RK mit einer stark stilisierten Zeichnung (Abb. 14), in der neun nur mit einigem Wohlwollen als Ratten anzusprechende Wesen vereinigt sind.

L i t e r a t u r : Lincke (1727), Bellermann (1820), Marshall (1903), Dollfus (1905/06).

Abb. 14. Der Rattenkönig aus Rossla. — Aus L i n c k e (1727).

28. R ü d e r s h a u s e n , Eichsfeld: Mit einem Schreiben vom 27. Januar 1907 erhielt das Zoologische Institut in Göttingen durch den Holzhändler D e g e n h a r d t in Rüdershausen einen RK frisch im Fleisch als Geschenk überwiesen. Das Exemplar bestand ursprünglich aus 10 Hausratten. In dem Präparat, das sich heute noch auf einer Glasplatte montiert in Göttingen befindet, sind sieben Ratten vereinigt. Von zwei Tieren befinden sich noch die leeren Häute in dem Schwanzknoten; die Tiere sind offenbar post mortem abgerissen worden. Eine Ratte, ein Weibchen (Kopf-Rumpf-Länge 15,3 cm) mit ausgebildeten Brustdrüsen lag lose der Sendung bei. Die Größe der sieben noch vorhandenen Tiere liegt zwischen 11 und 15 cm; ein Tier ist (beim Abtöten?) zerrissen. Im übrigen befanden sich die Ratten in einem normalen Ernährungszustand. Ihre Krallen sind fein zugespitzt. Im Schwanzknoten (Abb. 15) sind, abgesehen von Schorfbildungen an den Berührungsstellen der Schwänze, keine krankhaften Veränderungen festzustellen. — Über die Fundumstände dieses RK ist uns nichts bekannt geworden. — Die von H e c k (1925) wiedergegebene Mitteilung R e e k e r s , daß dieser RK in Capelle (zwischen Münster und Hamm) gefunden worden sei, beruht auf einem Mißverständnis.

L i t e r a t u r : v. d. Meer Mohr (1918), Heck (1925), Reh (1926), Orion (1959).

29. S o n d e r s h a u s e n , Bezirk Erfurt: V a l e n t i n i (1714) und G o e z e (1787) berichten von einem RK, der 1705 in einer Küche in Sondershausen gefunden wurde. Er bestand aus sechs Ratten, von denen eine größer war als die übrigen fünf. G o e z e , der das Exemplar in seiner Wohnung untersucht hatte und seinen Kindern zeigte,

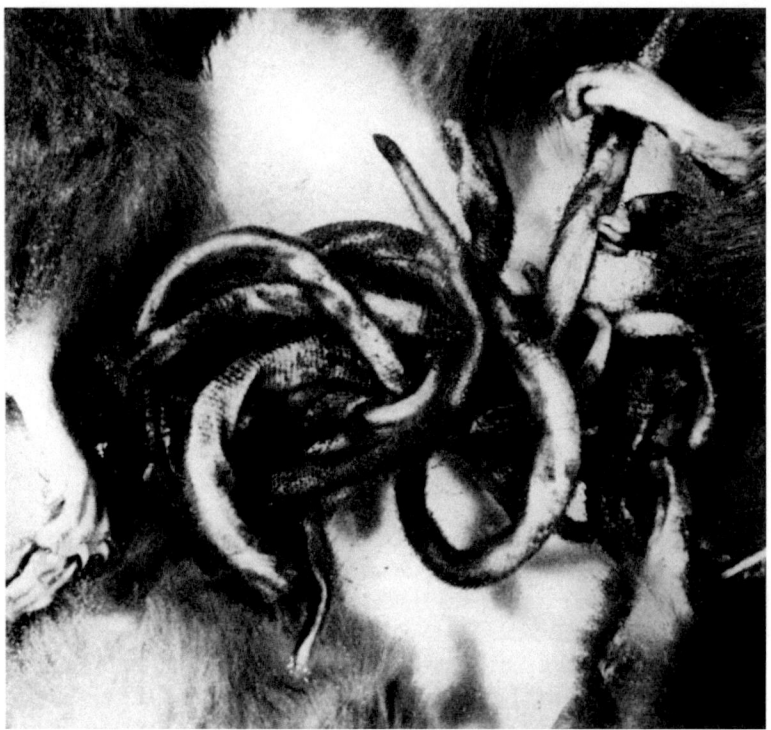

Abb. 15. Schwanzknoten des Rattenkönigs aus Rüdersdorf. Zu beachten sind die schraubigen Verdrehungen der Schwänze. — Aufn. I. Zool. Inst. Göttingen, Dez. 1963.

sagte darüber, daß die Tiere mit den Schwanzspitzen zusammengeflochten gewesen seien. Hierzu teilt K u n z e (1898) noch einen ergänzenden Bericht aus dem Jahre 1820 mit, der von dem fürstl. Leibarzt Hofrat Dr. B l ö d a u zu Sondershausen stammt. Danach ist dieser RK einem mündlichen Bericht zufolge — „etwas Schriftliches ist leider nicht vorhanden" — in der Küche des Fürsten zu Sondershausen gefunden worden und dann in das Naturalienkabinett des Fürsten gekommen, wo er als Alkoholpräparat aufgehoben wurde. „Es besteht dieser Rattenkönig aus fünf jungen Ratten und einer alten, die sämtlich, bald näher, bald entfernter, mit den Endspitzen der Schwänze in einem Gordischen Knoten ganz dicht und mit scheinbarem Fleiße verflochten sind. Ohne Schwerdthieb möchten auch diese wohl nicht zu lösen sein."

Der berühmte B l u m e n b a c h , Professor der Anatomie, Physiologie und Naturgeschichte in Göttingen, erhielt diesen RK zur Ansicht, wobei das Präparat auf seiner Reise allerdings einige Beschädigungen

Abb. 16. Der Rattenkönig aus Sondershausen. — Aus Valentini (1714).

davongetragen haben muß. Blödau berichtet darüber: „Wie schon gesagt, ihr Haar hat etwas gelitten und es giebt hier und da eine kahle Stelle. Es ist dasselbe durch den Spiritus auch ganz weiß geworden, so daß man keck versichern könnte, es seyen weiße Ratten." — In einem Brief vom 19. Dez. 1914 an Hase teilt der damalige Kustos des Städtischen Museums in Sondershausen, Edmund Döring, mit, daß sich dort noch ein „altes, stark verbleichtes Spirituspräparat" befinde. Wahrscheinlich handelt es sich hierbei um den von Blödau beschriebenen RK aus dem Jahre 1705. Herr Direktor Wurche vom Staatl. Heimat- und Schloßmuseum Sondershausen teilt unter dem 17. 3. 1964 mit, daß das Exemplar nach mehrfachen Verlagerungen der Museumsbestände beim Neuaufbau des jetzigen Museums im Jahre 1961 nicht wieder aufgetaucht ist. Es kann demnach als verloren gelten.

Die Geschichte der bildlichen Darstellung dieses RK ist ebenfalls recht bewegt. Zunächst hat der residierende Fürst von Schwartzenburg das Exemplar „aus sonderlicher Curiosität etlichemal abmahlen lassen" (Valentini 1714). Eins von diesen Bildern hat dann Dr. Emanuel Weber, Professor der Rechtswissenschaften in Gießen, von dem Fürsten geschenkt bekommen, als er noch am Hof in Sondershausen lebte. Davon hat Valentini eine Kopie angefertigt und diese als Kupferstich 1714 veröffentlicht (Abb. 16). Dieses Bild war es dann wahrscheinlich auch, welches Blumenbach in Göttingen zu demonstrieren pflegte, wenn er in seinen Vorlesungen auf den RK zu sprechen kam (M e i s n e r 1818). Schließlich kam B e l l e r m a n n 1783 nach Arnstadt und sah dort im Schloß fünf Ölgemälde mit Darstellungen von Rattenkönigen. Das hierher passende Bild beschreibt er folgendermaßen: „... Ölgemälde auf Leinwand mit gelbbraunem Grunde, zeigt sechs rotbraune, stark behaarte große Ratten und die Stummelschwänze von zwei abgerissenen Ratten, so daß das Ganze aus acht zusammen gewachsenen Ratten bestand. An dem oberen Theile des Gemäldes linker Hand steht die Inschrift: Diese acht an einander hangenden Rattenmäuse sind den 18ten Februar 1705 alhier zu Sondershausen bei Hochfürstl. Schwarzb. Hoffstadt in dem Küchengewölbe gefangen und erschlagen worden. Das Bild führt unten rechter Hand die Zahl 348". Von einem weiteren Ölbild sagt B e l l e r m a n n , daß es „Aehnlichkeit mit der Abbildung von Valentini, welches Weber besaß" gehabt habe. — Demnach müßte dieser RK ursprünglich aus acht und nicht nur aus sechs Tieren zusammengesetzt gewesen sein.

L i t e r a t u r : Valentini (1714), Lieffmann (1723), Lincke (1726), Wittenberg. Wochenbl. (1774), Goeze (1787, 1792), Richter (1797), Meisner (1818), Bellermann (1820), Kilian (1838), Kunze (1898), Marshall (1903), Dollfus (1905/06).

30. W u n d e r s l e b e n b. Sömmerda, Bez. Erfurt: B e l l e r m a n n (1820) gibt in seiner Monographie den Bericht von Hofrat W u t t i g wieder, der 1793 einen aus zehn bis zwölf Individuen zusammengesetzten RK gesehen hat. Neben der Amtswohnung seines Vaters, der damals Pfarrer in Wundersleben war, wurde ein alter Stall abgerissen. Dabei entdeckten die Arbeiter in einer Wand ein großes Loch, aus dem einige Ratten heraussprangen, „viele blieben (jedoch) darinne, ungeachtet die Arbeiter mit ihren Instrumenten hineinstießen". Dabei wurden die noch lebenden Ratten in ihrem Loche totgestochen und W u t t i g sah „die noch im Tode zusammenhängenden Unzertrennlichen aus dem Nest herausziehen".

L i t e r a t u r : Bellermann (1820).

31. Z a i s e n h a u s e n , Kreis Sinsheim (Baden): Ein Gewährsmann von K i l i a n (1838), Pfarrer D o l l in Zaisenhausen, berichtete ihm, daß Ende März 1837 ein Mann vier Ratten öfters mit Futter in einem Mauerloch verschwinden sah. Der Mann erschlug die vier Ratten, aber dann hörte er in der Mauer immer noch ein Geräusch. Er öffnete darauf die Wand und fand an der Stelle einen Klumpen lebender, ausgewachsener Ratten. Als die Tiere ebenfalls getötet waren, bemerkte man, daß es zwölf mit den Schwänzen bis zum Schwanzansatz sehr eng verflochtene Tiere waren. D o l l meint, die Ratten seien schon von Jugend an verknotet gewesen, „denn die Schwänze waren nach

den Schlingungen des Knotens gebogen, geeckt und unzerreißlich verwachsen". Damit die Tiere leben konnten, nahm er auch an, daß die vorher ein- und auslaufenden Ratten, den RK mit Futter versorgt hätten.

Pfarrer D o l l schickte das Exemplar an den Arzt Dr. W i l h e l m in Eppingen, der ihn zuerst ausbalgen wollte. Weil diese Prozedur aber die Erhaltung des Schwanzknotens beeinträchtigt hätte, konservierte er die Tiere in Alkohol. In der Überzeugung, daß diese Seltenheit besser in einer öffentlichen Sammlung aufgehoben würde, sandte er das Präparat an Geheimrat G m e l i n , Prof. der Naturgeschichte und Direktor des Naturalienkabinetts in Karlsruhe. Von dort bekam er aber nur das leere Paket ohne Antwort zurück. Gmelin

Abb. 17. Der Rattenkönig aus Zaisenhausen. — Aus K i l i a n (1838).

ist kurz darauf, am 26. Juni 1837, gestorben, und von dem Schicksal des RK war daraufhin nichts mehr zu erfahren.

Die von Kilian (1838) gelieferte Zeichnung ist nach Angaben von Doll später angefertigt (Abb. 17). Sie kann deshalb keinen Anspruch auf absolute Richtigkeit machen. Die Verschlingung der Schwänze entspricht auch nicht ganz der von Doll gegebenen Beschreibung, nach der die Verknotung der Schwänze schon kurz nach ihrem Ansatz begonnen haben soll, während in der Zeichnung von den meisten Ratten nur die Schwanzspitzen in den Knoten einbezogen sind. Eine weitere Darstellung von diesem RK findet sich bei Schlenzig (1853). Sie ist aber offensichtlich auch ein Phantasiegebilde. Zehn sich mit den Hinterkörpern berührende Ratten liegen im Kreis angeordnet. Ihre Schwänze sind flach und wie ein Korbgeflecht ineinander verschlungen. Das ganze macht den Eindruck, als ob es dem Bellermannschen RK aus Erfurt nachgebildet ist.

Literatur: Kilian (1838), Mitt. a. d. Osterlande (1839), Kilian (1842), Arch. f. Naturgesch. (1842), Lenz (1851), Schlenzig (1853), Lenz (1860), Steinvorth (1884), Koepert (1904), Dollfus (1905/06).

B. *Unsichere Fälle*

1. Aldingen, Kreis Ludwigsburg/Württemberg: Steinvorth (1884) gibt an, daß 1860 in Aldingen ein RK gefunden worden sei. Nähere Angaben darüber werden nicht gemacht.

2. Arnstadt, Thüringen: Bellermann (1820) sah bei seinem 1783 erfolgten Besuch des Schlosses in Arnstadt noch ein fünftes Bild mit der Darstellung eines aus neun Ratten bestehenden RK und bemerkt dazu lediglich, daß er den übrigen gleiche.

3. u. 4. Bernburg, Bezirk Halle: J. C. und B. L. Beckmann (1751) berichten von zwei in Bernburg gefundenen RK, von denen der eine „vor einiger Zeit" in der Schloßmühle zum Vorschein kam und aus 11 verwickelten Ratten bestand. Der andere wurde in einem Keller gefunden. Er war ursprünglich aus neun eingetrockneten Tieren zusammengesetzt, von denen die Berichterstatter nur noch sieben sahen.

5. Danzig: Reh (1926) schreibt: „Die erste Beschreibung (von einem RK) datiert, soweit ich die diesbezügliche deutsche Literatur der letzten drei Jahrhunderte übersehe, aus dem Jahre 1612. Ein Professor aus Danzig schreibt einem Kollegen in Basel in einem lateinischen Brief, daß sich da am 20. März in einem Speicher hinter dem Getäfel ein solches Ungeheuer von 9 lebenden, wohlgemästeten Ratten gefunden hätte, aussehend wie eine Hydra mit 9 Köpfen." — Da eine Quelle dieser Mitteilung nicht angegeben ist, läßt sie sich z. Z. nicht nachprüfen.

Daß RK in Danzig auch in späterer Zeit bekannt gewesen sind, geht aus einer brieflichen Mitteilung von Kustos Edmund Döring vom Städt. Museum Sondershausen vom 19. 12. 1914 an Hase hervor. Nach Aussage des dort damals im Ruhestand lebenden Oberstleutnant von Schwanebach sollte nämlich in Danzig „die Bildung des Rattenkönigs nicht selten" gewesen sein.

6. Frankfurt/Main: Treitschke (1840) führt einen RK aus Frankfurt/Main an, der dort 1817 unter einem Holzhaufen in dem Hof eines Gasthauses gefunden worden sein soll.

7. Gödern, Kr. Altenburg: Nach Lincke (1727) soll Lic. Carl in Gödern einen RK besessen haben. Marshall (1903) verlegt diesen Fall in das Jahr 1719. Nähere Angaben darüber fehlen.

Literatur: Lincke (1727), Goeze (1792), Marshall (1903), Dollfus (1905/06).

8. Lindenau b. Leipzig: Der angeblich in der Mühle von Lindenau aufgefundene RK hat eine etwas verworren anmutende Geschichte. Sie enthält einige widersprüchliche Angaben und Unklarheiten, welche es gerechtfertigt erscheinen lassen, diesen Fall hier als nicht sicher verbürgt aufzuführen. Nach den von Schlenzig (1856) mitgeteilten Akten wurde der Mühlknappe Christian Kaiser am 12. Januar 1774 durch „ein Geschrei" auf diesen RK aufmerksam, den er dann in einem Fehlboden der Mühle entdeckt haben will und totschlug. Er soll aus sechzehn Ratten bestanden haben, die fest miteinander verflochten gewesen, „und zwar 15 Stück mit den Schwänzen, die 16. aber wäre mit einer andern auf dem Rücken mit dem Schwanze in ihren Haaren verflochten gewesen". Seiner Ansicht nach wären die Schwanzverschlingungen so fest gewesen, daß die Tiere nur mit Mühe hätten auseinander gerissen werden können.

Der Maler Joh. Adam Fassauer hat dann den RK an sich genommen, um ein Bild von ihm anzufertigen. Fassauer muß auch sonst recht geschäftstüchtig gewesen sein, denn er hat diese merkwürdige Versammlung gegen ein Eintrittsgeld vielen Menschen, die aus Leipzig herzukamen, gezeigt „und ... viel Geld damit verdient". Dies war offenbar der tiefere Grund, weshalb der Mühlknappe um Herausgabe nicht nur seines RK klagte, sondern auch um das damit verdiente Geld.

Hierzu wurde ein Gutachten von einem Arzt Dr. Burdach aus Leipzig angefordert. In ihm wird u. a. festgestellt, daß der Schwanzknoten recht locker gewesen sein muß. Dr. Burdach berichtet nämlich, daß es ihm nicht schwergefallen wäre „einige der verwickelten Schwänze auseinander zu zerren, wovon ich aber von dem dabeistehenden Maler mit einigem Unwillen abgehalten wurde". Von der sechs-

58 Die bisher gefundenen Rattenkönige

zehnten Ratte schreibt er, „daß ihr Schwanz ohne die geringste Verletzung erlitten zu haben, noch an ihr befindlich und sie also mit leichter Mühe von dem Knoten der übrigen losgelöst worden". F a s s a u e r hatte ihm nämlich vorher von ihr berichtet, daß sie von einem seiner Schüler „von der Verwicklung mit den übrigen losgerissen worden".

Ist schon die Herkunft der sechszehnten Ratte unklar, so muß auch die Darstellung des Schwanzknotens in dem Kupferstich von F a s s a u e r

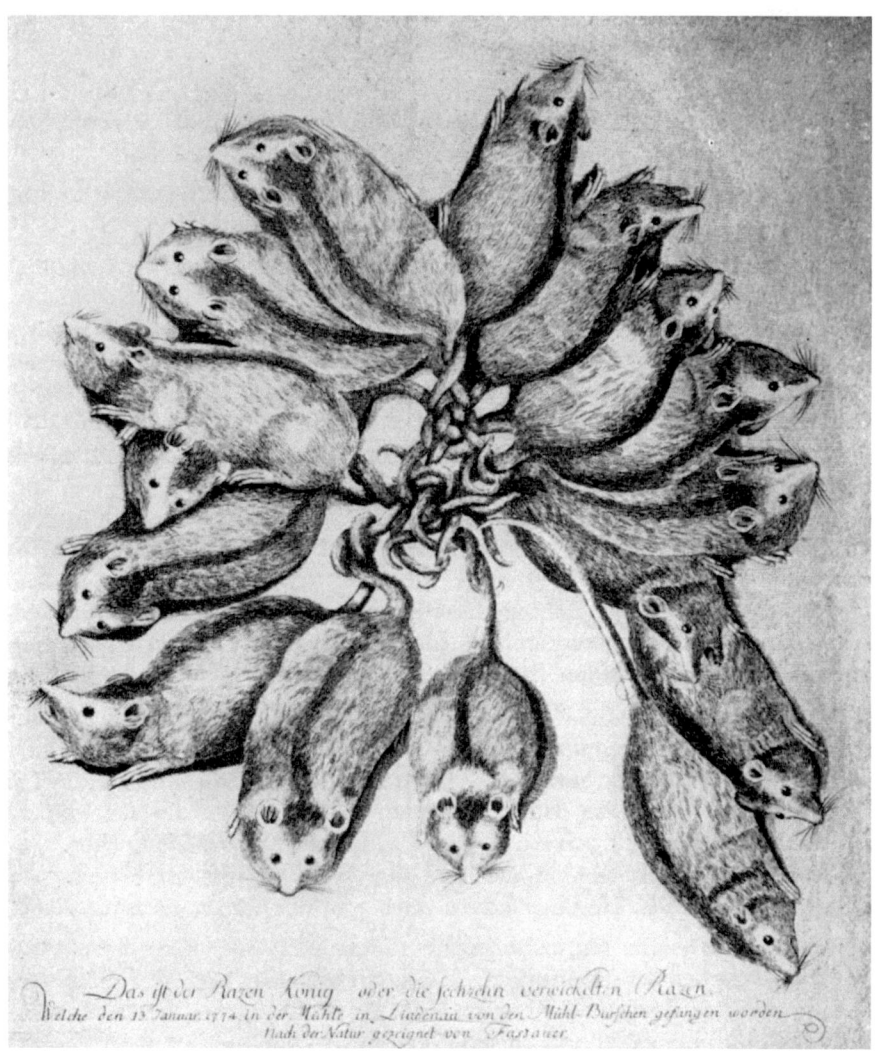

Abb. 18. Der Lindenauer Rattenkönig. — Nach einem Stich aus dem Stadtgeschichtlichen Museum in Leipzig.

Zweifel an der Echtheit dieses RK aufkommen lassen (Abb. 18). Die Verflechtung der Schwänze muß danach tatsächlich sehr locker gewesen sein und das ganze Gebilde hat keinerlei Ähnlichkeit mit den festgefügten Schwanzknoten, wie wir sie von erhalten gebliebenen RK her kennen. Es liegt somit zumindest der Verdacht einer Fälschung nahe, welche auch durch die kunstgeschichtliche Forschung bestätigt wird. F a s s a u e r war in Leipzig als eine Art Original bekannt und stets in Geldschwierigkeiten. G e y s e r (1858) glaubt denn auch, daß F a s s a u e r aus dieser Verlegenheit darauf kam, eine Anzahl Ratten mit den Schwänzen zusammenzubinden und, „nachdem durch einen Beauftragten die Kunde von der merkwürdigen Erscheinung in Leipzig verbreitet worden war, sie scharenweise besucht und angestaunt, dabei aber auch die Verabreichung eines kleinen Erkenntlichkeitsbeweises nicht vergessen wurde". Als der Besucherstrom nachließ, verfiel der erfindungsreiche Mann auf den Gedanken, sein Kunstprodukt in Kupfer zu radieren, um durch den Verkauf der Blätter noch weiter daran zu verdienen. So entstand ein Stich in Groß-Folio-Format, von dem noch ein Exemplar im Leipziger Stadtgeschichtlichen Museum erhalten geblieben ist. Es trägt die Unterschrift: „Das ist der Razen-König oder die sechzehn verwickelten Razen, welche den 13. Januar 1774 in der Mühle in Lindenau von dem Mühl-Burschen gefangen worden. Nach der Natur gezeichnet von Fassauer." — Während G e y s e r bezweifelt, ob sich die Sache überhaupt so verhalten hat oder sie nur eine der zahlreichen Anekdoten ist, die über F a s s a u e r erzählt werden, stellt K u r z w e l l y (1915) nur fest, daß der Künstler die Verknotung der Schwänze selbst vorgenommen habe, um sich damit eine Einnahmequelle zu verschaffen.

L i t e r a t u r : Wittenberg. Wochenbl. (1774), Bellermann (1820), Schlenzig (1856), Geyser (1858), Brehm (1877), Marshall (1897, n. Bttgr. 1897), Marshall (1903), Dollfus (1905/06), Kurzwelly (1915), v. d. Meer Mohr (1918), Reh (1926), Ehrlich (1944), Orion (1952), Schiffel (1959).

9. M ü n c h e n : Nach einer brieflichen Mitteilung vom 28. Januar 1915 an H a s e ist Prof. S p a n g e n b e r g aus Aschaffenburg erinnerlich gewesen, daß ihm während seiner Privatdozenten- und Assistentenzeit in München Prof. v o n S i e b o l d „einmal mit dem ihm eigenen lebhaften Interesse für Seltenheiten einen Rattenkönig gezeigt habe". Er konnte jedoch nicht angeben, ob das Exemplar in eine öffentliche Sammlung gekommen oder sich in einer solchen befinden würde. Nach Auskunft von Herrn Dr. Th. H a l t e n o r t h vom 14. 2. 1964 ist aber in keiner der Münchener zoologischen Sammlungen ein derartiges Exemplar nachweisbar. Es kann demnach als verloren gelten.

10. N i e d e r s a c h s w e r f e n b. Nordhausen/Südharz: B e l l e r m a n n (1820) teilt einen Bericht mit, nach dem 1817 beim Abfahren

eines Roggendiemen, der außerhalb der heutigen Ortschaft Niedersachswerfen stand, mehrere hundert Ratten, „darunter auch ein Klumpen von zusammengewachsenen Ratten", totgeschlagen und vergraben wurden. Eine genauere Beschreibung über die Art der Verbindung dieser Ratten untereinander fehlt.

L i t e r a t u r : Bellermann (1820), Kunze (1898).

11. S c h n e p f e n t h a l (?): G i e b e l (1859) erwähnt einen RK aus Schnepfenthal, der auch von B r e h m (1877) zitiert wird. Der Ort ist in der 14. Auflage von „Müllers Großem Deutschen Ortsbuch" von 1962 nicht enthalten!

L i t e r a t u r : Giebel (1859), Brehm (1877).

12. T a m b a c h s h o f b. Gotha: L i n c k e (1727) berichtet von einem Fall, nach dem im Mai 1722 fünf angeblich verknotete Ratten schon stark verwest und eingetrocknet auf alten Lumpen gefunden wurden. Die Tiere befanden sich in einem abgestellten Vogelbauer. Weil man die Vereinigung der fünf Ratten für eine Seltenheit hielt, brachte man sie dem Apotheker L i n c k e in Leipzig, der sie aber nicht näher untersuchte, um sie nicht zu zerstören, wenn er sie von dem Lappen abgelöst oder auch die Mumien selbst voneinander getrennt hätte. L i n c k e glaubt, daß diese Ratten möglicherweise durch ihre Nabelschnüre miteinander verwickelt wurden und deshalb unlösbar zusammenblieben. Der von ihm wiedergegebene Kupferstich von diesem „Rattenkönig" läßt denn auch weiter nichts als einen unförmlichen Klumpen nebeneinanderliegender Ratten erkennen.

Bemerkenswert hierzu ist, daß diese Mumie gefunden wurde, nachdem Anfang 1722 auf dem Gut Tambachshof von einem Kammerjäger eine Rattenbekämpfung durchgeführt worden war. L i n c k e vermutet deshalb, daß die ziemlich ausgewachsenen Tiere verhungert sind, nachdem ihre Mutter vorher an dem ausgelegten Gift starb und die Öffnung in dem Vogelbauer zu eng war, sie gemeinsam hindurchzulassen. Da die für echte RK typischen Schwanzverschlingungen an diesem Exemplar nicht festzustellen sind und auch die Abbildung von L i n c k e keinen Hinweis dafür bietet, liegt es in diesem Falle wohl näher, wenn man annimmt, daß die fünf Ratten ebenfalls an dem Gift starben und so beieinander gefunden wurden. Auch B e l l e r m a n n (1820) kamen bei der Betrachtung der Linckeschen Abbildung Zweifel über seine Echtheit, weil aus dem Bilde nicht deutlich hervorgeht, daß die Schwänze miteinander zusammenhängen, vielmehr einige frei zu sein scheinen und kam zu dem Schluß, daß „dieses zusammenhänge Wesen wohl nicht hierher" gehört. K r u m b i e g e l (1955) weist darauf hin, daß derartige Verstrickungen postmortal auch dadurch zustande kommen könnten, daß sich nach dem Absterben der Tiere die ventrale Schwanzmuskulatur zusammenzieht und auf diese Weise sich die Schwänze ineinander verhaken. Auch so könnte bei solchen Klumpen das Vorliegen eines RK vorgetäuscht werden.

Der Vollständigkeit wegen sei nur noch angeführt, daß Dollfus (1905/06) annimmt, der Tambachshofener RK sei in dem Käfig geboren und herangewachsen, ohne ihn verlassen zu können. Er hat die Originalbeschreibung von Lincke mit der dazugehörigen Abbildung wahrscheinlich nicht gesehen, denn sonst hätte er wohl kaum zu dieser Ansicht kommen können.

Literatur: Lincke (1727), Wittenberg. Wochenbl. (1774), Goetze (1792), Bellermann (1820), Dollfus (1905/06), Krumbiegel (1955).

13. Wernigerode: Lincke (1727) wurde aus Wernigerode berichtet, daß bei dem Grafen von Stollberg ein RK als „Skeleto" (es ist wohl eine Mumie gemeint) aufbewahrt wurde. Nähere Angaben darüber fehlen.

Literatur: Lincke (1727), Bellermann (1820), Kilian (1838).

14. Weimar: Ohne nähere Angaben zu machen, erwähnt Schellhammer (1691) einen RK, der in Weimar beim Ausbessern einer baufälligen Wassermühle aus einem Mauerloch hervorgekrochen sein soll.

Literatur: Schellhammer (1691), Valentini (1714), Lieffmann (1723), Lincke (1727), Hellern (1731), Wittenberg. Wochenbl. (1774), Bellermann (1820), Marshal (1903), Dollfus (1905/06).

15. Im Zusammenhang mit dem aus Tambachshof erwähnten „Rattenkönig" wird im Wittenbergischen Wochenblatt (1774) noch von einem ähnlichen Fall berichtet und als Beweis dafür genommen, daß solche Konglomerate durch sterbende Ratten nach Vergiftung zustandekommen können. Nachdem in einem Stall die Pferde von Ratten beunruhigt wurden, legte man Gift, und die Ratten verschwanden unbemerkt. Erst als nach geraumer Zeit ein Holzhaufen abgeräumt wurde, fand man mehr als zwölf tote und schon verweste Ratten in einem Nest. Die Tiere waren im Kreis angeordnet, die Köpfe nach außen, „als wenn sie insgesammt ordentlich also wären hingeleget worden". Über die Beschaffenheit der Schwänze läßt der anonyme Autor nichts verlauten.

16. In einer Anmerkung zur Übersetzung von Cuvier (1831) berichtet Voigt von einem seiner Bekannten (1835 schreibt er: „Einer meiner Zuhörer..."), der einen RK gesehen haben will, der in einer Mühle „beim Aufreißen eines Grundes" zum Vorschein kam. Er soll aus mehreren Ratten bestanden haben, von denen einige noch lebendig waren, als der Gewährsmann hinzukam. Nähere Angaben hierzu fehlen.

Literatur: Cuvier (1831), Voigt (1835).

17. G o e z e schreibt 1792, er habe selbst einen RK gesehen, der aus „Fünf und fünf", also 10 Tieren bestand. In einer Rezension über das gleiche Werk wird dieselbe Feststellung auch nur wiederholt. Näheres ist darüber nicht angegeben.

L i t e r a t u r : Goeze (1792), Gothaische gel. Ztg. (1792).

Frankreich

C h â l o n s u r M a r n e : Nach J. G i b a n (in litt.) wurde um 1951 bei Châlon sur Marne beim Abriß eines alten Hauses ein aus vier „erwachsenen schwarzen Ratten" bestehender RK gefunden. Das Exemplar ist erschlagen und wahrscheinlich vernichtet worden.

C h â t e a u r a u x : D o l l f u s (1905/06) weist darauf hin, daß H. C o u p i n (in Vie curieuse des bêtes) einen RK aus sieben Individuen erwähnt, der in Châteauraux gefunden und einem Museum übergeben wurde.

C o u r t a l a i n (Eure et Loire): O u s t a l e t (1900) teilt einen Fall mit, bei dem sieben mit den Schwänzen verknotete Ratten im November 1899 in Courtalain lebend in ihrem Nest angetroffen wurden. Das Nest befand sich in dem Loch einer Mauer und war mit Stroh und Heu ausgepolstert. In den Schwanzknoten waren auch die Hinterbeine der Ratten mit eingeflochten. Die Tiere hatten eine Kopf-Rumpf-Länge von etwa 10 cm, waren also noch jung. Das die Mitteilung begleitende Foto läßt erkennen, daß die eine der Ratten stark mißhandelt worden ist. Diese war es, die mit einer Zange gefaßt wurde, als man die Gruppe aus dem Loch herauszog, wobei sich die übrigen an dem Stroh und Heu festhielten. Das Exemplar befand sich s. Z. im Museum von Châteaudun (Eure et Loire).

L i t e r a t u r : Oustalet (1900), Hesse (1900), Dollfus (1905/06).

O b e r m o d e r n (Elsaß): S c h e r d l i n (1919), Konservator am Zoologischen Museum in Straßburg, teilt im „Echo de Strassbourg" den Bericht des Lehrers an der dortigen evangelischen Taubstummenanstalt, Georg F i n c k , über einen RK mit, der im Jahre 1889 in Obermodern angetroffen wurde. Bei der Ausbesserung einer Scheune, „unter der das Abwasser eines Nachbargutes sich einen Ausweg gebahnt hatte, fand man eine große Menge Ratten. Etwa hundert wurden totgeschlagen. Während dieser Jagd stieß man auf ein Rattennest mit fünf oder sechs jungen Tieren, deren Schwänze so ineinander verwickelt waren, daß sie einen einzigen Knäuel bildeten." Der Lehrer im Ort hatte den Verband sofort als RK angesprochen. Das Exemplar ist anschließend gleich vernichtet worden.

L i t e r a t u r : Scherdlin (1919), Reh (1926).

Straßburg: Am 4./14. Juli 1683 wurde in dem Keller des Ammeister[4] Würtzen in Straßburg, Langstraße 79, ein RK gefunden, der aus sechs jungen Tieren zusammengesetzt war. Die Gruppe wurde noch lebend zum Rathaus gebracht und dort öffentlich gezeigt. Anschließend wurden die Ratten getötet, wobei ein Tier entkam. Die restlichen fünf Ratten wurden von einem Arzt der Stadt „einbalsamiert". Dabei konnte festgestellt werden, daß der Schwanzknoten, der die Tiere zusammenhielt, so verschlungen war, daß es nicht gelang, ihn aufzulösen, ohne die Tiere von ihren Schwänzen zu trennen.

Dieser RK ist mehrfach abgebildet worden. Das Original, auf das alle späteren Nachzeichnungen zurückgehen, befindet sich im Mercure Galant von 1683 (Abb. 19). Es ist ein künstlerisch gut gelungener Kupferstich, in dem sechs junge, mit den Schwänzen verwickelte Ratten dargestellt sind. Im gleichen Jahre erschien außerdem noch ein Flugblatt, in dem das Ereignis von dem Fund dieses merkwürdigen Verbandes dazu benutzt wird, einige erbauliche Betrachtungen daran anzuknüpfen (Abb. 20). Man sah in diesem Gebilde einen Schreckensboten,

Abb. 19. Der Straßburger Rattenkönig. — Aus Mercure Galant (1683).

[4] Ammeister war in damaliger Zeit der Titel eines Ratsmitgliedes in elsäßischen Städten, bes. in Straßburg.

Abb. 20. Straßburger Flugblatt von 1683. — Aus Hirth (1882/90) — Verkleinert.

um den Menschen die Abscheulichkeit ihrer eigenen Sünden und Schandtaten vor Augen zu führen und ermahnte zur Einkehr und Tugend. Hierbei muß daran erinnert werden, daß Straßburg zwei Jahre zuvor im Reunionskrieg gegen Frankreich kapituliert hat und dementsprechend die sozialen und wirtschaftlichen Verhältnisse in der Stadt nicht zum Besten gestanden haben werden. — Der im mittleren Teil des Flugblattes dargestellte RK ist eine zwar ungenaue, aber doch den Schwanzknoten, wenn auch spiegelbildlich, richtig wiedergebende Nachzeichnung des Originals aus dem Mercure Galant (1683). Ein Nachdruck des Flugblattes in Großformat befindet sich unter Nr. 2838 bei Hirth (1882/90). Eine dritte, das gesamte Bild seitenverkehrt darstellende, sonst aber wenig veränderte, jedoch künstlerisch wertlose Nachzeichnung des Originals findet sich im Magazin Pittoresque (1854).

Nach Reh (1926) sollen in Straßburg nach 1683 noch zwei weitere RK aufgetreten sein, der eine auf dem Heuboden eines Gasthofes und ein weiterer um 1800 beim Abbruch eines Gebäudes auf einem Friedhof. Nähere Angaben dazu fehlen.

Der von Bellermann (1820) nach Lincke (1727) zitierte RK aus Straßburg vom 5. August 1683 beruht auf einer Verwechslung mit dem von Carpzov (1716) beschriebenen „Katzenkönig".

Literatur: Mercure Galant (1683), Flugblatt (1683), Carpzov (1716), Lincke (1727), Bellermann (1820), Mag. Pittoresque (1854), Hirth (1882/90), Dollfus (1906/07), Reh (1926).

Le Vernet (Allier): Buysson (1906) fand in einem Hühnerstall ein Nest mit zwei alten und acht jungen Hausratten, die fast so groß wie die alten waren. Beim Auseinanderreißen des Nestes entdeckte er aber noch einen zweiten Wurf aus sieben noch saugenden Jungen, die eine Körperlänge von etwa 6 cm hatten. Sie hingen mit ihren Schwänzen aneinander und als man sie hochhob, riß sich die eine unter Verlust ihres halben Schwanzes von den anderen los. Das Ende des Schwanzes war atrophiert und blieb im Schwanzknoten stecken. Bei den übrigen Tieren war der Knoten etwa in der Mitte ihrer Schwänze gelegen, so daß die Schwanzspitzen ihre Beweglichkeit behielten. Von dem einen Tier war auch ein Bein mit in dem Knoten verstrickt; es war von weißlicher Färbung und ebenso atrophisch wie das Schwanzende der abgerissenen Ratte.

Literatur: Buysson (1906).

Schweiz

Bern: Meisner (1818) berichtet von einem Fund, der im Februar 1816 von einem seiner Hörer gemacht wurde. Dieser brachte ihm einen zusammenhängenden Klumpen von „3 bis 4 todten Ratten, die dicht und fest wie zusammen gebacken waren". Die Tiere waren in einem Oval so angeordnet, daß im Zentrum die Füße und Schwänze zusammenlagen und eine Vertiefung bildeten, die mit Torf, Stroh und einigen Lumpen angefüllt war. — Dieser angebliche RK ist wohl genauso zu werten wie der aus Tambachshof, indem er nur ein Zufallsprodukt von gemeinsam gestorbenen Ratten darstellt.

Literatur: Meisner (1818), Bellermann (1820), Dollfus (1905/06).

Niederlande

Rucphen bei Roosendaal (Nord-Brabant): Nach brieflicher Mitteilung von Herrn Dipl.-Ing. A. J. Ophof vom 26. 3. 1964 wurde im Februar 1963 in Rucphen bei Roosendaal in einer Scheune ein RK aus sieben „erwachsenen" Hausratten gefunden. Es sind dies fünf Weibchen und zwei Männchen, deren Schwänze fest miteinander verknüpft sind. Das hier wiedergegebene Photo (Abb. 21) von diesem jüngst ge-

Abb. 21. Der Rattenkönig aus Rucphen bei Roosendaal (Nord-Brabant). Gefunden im Februar 1963. — Aufn. A. J. Ophof, Wageningen.

fundenen Exemplar verdanken wir der Freundlichkeit von Herrn O p h o f, der eine Beschreibung des Fundes in der „Zeitschrift für Säugetierkunde" veröffentlichen wird.

Java

1. D o l l f u s (1906/07) publizierte die Photographie von einem RK, der von Dr. Z e h n t n e r auf Java gesammelt wurde. Es handelt sich um sechs nestjunge Ratten, die mit ihren Schwänzen aneinanderhängen.

2. Bei Bandjaratma auf Java fand v a n d e r M e e r M o h r (1918) am 23. März 1918 beim Ausgraben eines Rattenbaues in einer Grabenböschung unerwartet einen Klumpen junger Feldratten *(Rattus brevicaudatus* H o r s t et de R a a d t) in ihrem Nest. Die Mutter und ein Junges konnten noch rechtzeitig während des Grabens entkommen. Weil die Tiere in dem Klumpen mit ihren Schwänzen verknotet waren, machten sie vergebliche Bemühungen, voneinander loszukommen. Die Gruppe wurde sofort in einem Käfig untergebracht, damit sie noch lebend photographiert werden konnte. Auf dem Heimwege verstanden es aber drei Tiere, sich aus dem Knoten zu befreien, so daß die übrigen sogleich mit Chloroform getötet und in Formolalkohol eingelegt wurden. Durch ein Mißverständnis wurden die unterwegs losgekommenen drei Ratten von dem eingeborenen Diener ertränkt und fortgeworfen.

Die Schwänze der noch vorhandenen Ratten waren nicht miteinander verwachsen. An verschiedenen Stellen konnte ein dünner Glasstab zwischen die Schlaufen des Schwanzknotens gesteckt werden und einzelne Windungen waren mit der Pinzette einige Millimeter weit auseinanderzuziehen. Sonst bildeten die Schwänze einen völlig verworrenen Knoten, so daß es nicht möglich war, sie in ihrem Verlauf zu verfolgen. Von zwei Ratten waren auch die Hinterfüße mit in den Knoten aufgenommen und fest von den Schwänzen umwunden, worauf eine leichte Schwellung der Füße zurückzuführen ist. Außerdem war auch noch Neststroh mit in dem Knoten eingeflochten, welches die Spielräume zwischen den einzelnen Windungen ausfüllte.

Ursprünglich bestand der RK aus zehn Tieren. Von den übriggebliebenen sieben Ratten waren vier Männchen und drei Weibchen; ihre Kopf-Rumpf-Länge betrug etwa 85 mm. Alle Tiere waren etwa gleich groß und gehörten wohl einem Wurf an.

Das Originalphoto von diesem RK befindet sich bei v. d. M e e r M o h r (1918). Eine zweite Aufnahme davon und eine Ausschnittvergrößerung des Schwanzknotens wurde 1924 von diesem veröffentlicht. Um den Schwanzknoten deutlich ins Bild zu bekommen, mußte das eingeflochtene Neststroh weitgehend entfernt werden; nur einige Reste davon sind in dem Bilde noch zu erkennen. Außerdem ist auch noch das leere Schwanzhäutchen von einer der entwichenen Ratten zu sehen. Reproduktionen dieser Bilder sind in der Zeitschrift „Rat en Muis" (Abb. 2 u. 3, S. 51 u. 52, Jg. 1955) zu finden.

Die Aufbewahrung des Präparates erfolgte im Zoologischen Museum von Buitenzorg. Ob es dort noch vorhanden ist, konnte nicht ermittelt werden.

Literatur: v. d. Meer Mohr (1918, 1924), Rat en Muis (1955).

3. Ein weiteres Alkoholpräparat von einem aus acht Individuen bestehenden RK unbekannter Herkunft befand sich ebenfalls im Zoologischen Museum von Buitenzorg. Ob das Exemplar dort noch vorhanden ist, entzieht sich unserer Kenntnis. Nach Angaben von v. d. Meer Mohr (1924) gehören die Tiere wahrscheinlich der Art R. brevicaudatus an; ihre Kopf-Rumpf-Länge beträgt 76 mm und ist bei allen Individuen die gleiche. Von zwei Ratten ist je ein Hinterfuß mit in dem Schwanzknoten verwickelt, wodurch diese etwas geschwollen sind. Den Schwanzknoten beschreibt v. d. Meer Mohr folgendermaßen: „Die Schwänze sind nirgends miteinander verwachsen; ein Individuum ließ sich sogar ohne Mühe aus dem Knoten frei machen. Der Schwanz dieses frei gemachten Tieres zeigte hie und da Abplattungen, aber absolut keine Spuren von Verwundung oder von etwaigen Geschwüren."

Eine Photographie von diesem Exemplar befindet sich bei v. d. Meer Mohr (1924) auf Tafel X.

Literatur: v. d. Meer Mohr (1924).

Der Vollständigkeit wegen seien hier noch kurz drei Fälle erwähnt, die v. d. Meer Mohr (1924) im Anschluß an seine Ausführungen über die ihm aus Java bekannt gewordenen echten RK berichtet. Der eine, auch mit einem Photo belegte „Rattenkönig", betrifft drei Nestjunge von R. concolor, die in Gefangenschaft geboren wurden. Sie sind durch ihre Nabelschnüre miteinander verbunden und stellen damit einen Parallelfall zu dem von Carpzov (1716) beschriebenen „Katzenkönig" dar. Die Jungratten waren höchstens einige Stunden alt, als sie photographiert wurden. In die Nabelschnüre war auch das Schwänzchen von einem der Tiere fest verwickelt. Eine vierte Jungratte, die auch zu dem Wurf gehörte, lag ganz frei neben der Gruppe und war völlig normal entwickelt. Die Weiterentwicklung der Tiere konnte leider nicht verfolgt werden. Eine Reproduktion des Photos von 1924 findet sich in Rat en Muis (1955).

Der zweite Fall betrifft mehrere Jungtiere von R. brevicaudatus (?), die nach einer Schwefelkohlenstoffbegasung in ihrem Nest aufgefunden wurden. Die Tiere waren zwar nicht mit ihren Schwänzen verbunden, klebten aber an den Seiten mit ihrer Haut aneinander. „Man konnte den verklebten Haufen an einem Schwänzchen aufheben, ohne daß auch ein einziges Tierchen loskam; die Verklebung war also ziemlich fest. Eine Hautentzündung war nicht zu erkennen." Dieser Fall findet offenbar seine Entsprechung in dem von M o h r (1929/30) beschriebenen „Waldmauskönig".

Bei dem dritten Fall handelt es sich wieder um ein Alkoholpräparat, das sich im Museum Buitenzorg befand. Es ist dies ein RK aus fünf Individuen von *Chiropodomys gliroides* B l y t h. Die Tiere waren verschieden groß (58—83 mm); das Schwanzstück zwischen Anus und dem Beginn des Knotens betrug bei dem größten Individuum 90 mm, so daß nur noch etwa 25—30 mm für den Schwanzknäuel verblieben. Die Schwänze schienen auch an mehreren Stellen verletzt zu sein. Wegen der auffallenden Größenunterschiede der Ratten und weil der Knoten nur von den Distalenden der Schwänze gebildet wurde, hält v. d. M e e r M o h r dieses Exemplar für ein Kunstprodukt.

L i t e r a t u r : Carpzov (1716), v. d. Meer Mohr (1924), Mohr (1929/30), Rat en Muis (1955).

„Könige" von anderen Kleinsäugern

H a u s m ä u s e : „Könige" von Hausmäusen werden in der Literatur nur dreimal erwähnt. R e h (1926) zitiert einen Fall aus dem Jahre 1780, in dem „über ganze zwei schwanzverschlungene Mäuse berichtet" wird. Im zweiten Fall spricht B e l l e r m a n n (1820) von einem Ölbild, das er 1783 im Schloß Arnstadt sah. Es stellt „einen Kakerlaken-Rattenkönig[5], d. i. mehrere mit den Schwänzen zusammen gewachsene weiße Mäuse mit rothen Augen" dar. Und schließlich wird in „Rat en Muis" (1955) lediglich festgestellt, daß u. a. auch von Hausmäusen „Könige" gefunden worden seien.

Angesichts der Tatsache, daß weiße Mäuse in wissenschaftlichen und medizinischen Instituten der ganzen Welt in nicht mehr abzuschätzender Zahl gehalten und gezüchtet werden, ist es erstaunlich, daß derartige Bildungen bei ihnen nie wieder beobachtet wurden.

L i t e r a t u r : Bellermann (1820), Reh (1926), Rat en Muis (1955).

W a l d m ä u s e : Einen Parallelfall zu dem von v. d. M e e r M o h r (1924) beschriebenen „Rattenkönig", bei dem noch nackte Nestjunge aneinander klebten, schildert M o h r (1929/30) von Waldmäusen. Danach wurden Ende April 1929 in Ahrensburg (Holstein) auf Gemüseland in einem Nest aus Stroh sechs anscheinend noch blinde Junge dieser Art tot und aneinander klebend aufgefunden. Je ein Photo von der Ober- und Unterseite des Klumpens findet sich auf Taf. XVII der zitierten Mitteilung. Es handelt sich hier aber nicht um einen echten „König", weil die Tiere nicht mit den Schwänzen verknotet zusammenhängen. M o h r selbst ist offenbar derselben Ansicht, wenn sie einschränkend ihren Ausführungen hinzufügt: „Die Bildung erinnert an den sogenannten Rattenkönig."

E i c h h ö r n c h e n : Der zweite Kleinsäuger, bei dem sich nachweislich mehrere Individuen fest mit ihren Schwänzen verwickeln können, ist das Eichhörnchen. Der erste, aus fünf Tieren bestehende Eichhörnchenkönig wurde im August 1921 lebend unter einem Kastanienbaum gefunden. Die Verknotung der Schwänze kann in diesem Fall jedoch nicht sehr eng gewesen sein, denn als die Tiere in das Institut für Jagdkunde,

---

[5] In der älteren Literatur wird „Kakerlak" des öfteren als Synonym von Albino benutzt.

Berlin, geschickt wurden, hatten sie sich auf dem Transport in ihrer Kiste voneinander lösen können. Ihre Schwänze wiesen aber noch mehrere Druckstellen auf, an denen die Haare entweder zusammengedrückt waren oder fehlten; einige Stellen waren auch wund. Auffallend war, daß drei Tiere (eins war inzwischen gestorben und eins entwichen) ihren Schwanz schlaff herunterhängen ließen, der schließlich bis auf einen Stummel von 2 cm ganz abfiel.

Der zweite Eichhörnchenkönig wurde am 20. Oktober 1951 bei Gütersloh während eines Pirschganges von Herrn Hans D u n k e l aufgefunden. Es waren fünf mit den Schwänzen verflochtene Tiere, die in einem Kiefernbestand lagen und wild um sich bissen, als sie von seinem Hunde aufgestöbert wurden. Der Finder glaubte zunächst, sie seien von jungen Burschen „einzeln gefangen und zusammengebunden worden, mußte dann aber feststellen, daß die Tiere mit den Schwänzen derart verknotet waren, daß sie sich nicht mehr voneinander lösen konnten" (M ü l l e r - U s i n g 1952). Die Tiere wurden daraufhin erschlagen und von Herrn D u n k e l präpariert. Die Schriftleitung einer Jagdzeitschrift veranlaßte Herrn D u n k e l, das Präparat im Institut für Jagdkunde der Universität Göttingen vorzuweisen. Zum Zustandekommen der Verknotung sagt M ü l l e r - U s i n g in seinem Bericht: „Das Eichhörnchen mit seinem stürmischen Haarwachstum muß eigentlich geradezu prädestiniert für derartige Verknotungen erscheinen: Die Verflechtung wird durch das gehemmte Wachstum an den Verknotungsstellen bei ungehindertem Hervorsprießen der Haare vor und hinter diesen noch ganz bedeutend verstärkt im Vergleich zu den nacktschwänzigen Ratten."

Daß sowenig Eichhörnchenkönige bisher gefunden wurden, dürfte nach M ü l l e r - U s i n g darin seinen Grund haben, daß die gegen ihren Willen im Nest festgehaltene Tiere früher oder später wohl meist durch eine Katastrophe auf den Boden gelangen und dort schnell eine Beute des Raubwildes werden.

Die Ausführungen von M ü l l e r - U s i n g sind von zwei Photos begleitet, von denen das eine den Eichhörnchenkönig in frischtotem Zustand darstellt, das andere das von Herrn D u n k e l angefertigte Präparat, welches sich in seinem Privatbesitz befindet.

L i t e r a t u r : Wagner (1921/22), Müller-Using (1952).

H a u s k a t z e n : C a r p z o v, der Landphysikus und Arzt in Grimma war, berichtet 1716 von zwei Fällen, in denen das eine Mal sechs, das andere Mal fünf junge Hauskatzen mit ihren Nabelschnüren verwickelt aneinander hingen. Beide Würfe wurden in zwei aufeinanderfolgenden Jahren, 1713 und 1714, von derselben Katze geboren, die ihre Jungen nicht gesäubert und nach der Geburt verlassen hatte. Als die Mutter einige Monate nach dem zweiten Wurf starb, wurde sie seziert. Sie war wieder trächtig und man vermißte an ihr jede Spur von Mammae und Saugwarzen. Der zweite Wurf wurde seinerzeit in Alkohol konserviert und im „Bosischen Garten vor dem Grimmischen Thor zu Leipzig" ausgestellt. Von dem ersten Wurf bringt C a r p z o v einen Kupferstich, auf dem sechs junge Katzen in einer Gruppe dargestellt sind, der aber die eigentliche Verschlingung mit den Nabelschnüren nicht erkennen läßt.

Ein dritter, offenbar auf die gleiche Weise zustande gekommener „Katzenkönig" ist vom 5./15. August 1683 aus Straßburg bekannt. Ein Bild davon war s. Z. ebenfalls im „Bosischen Garten" zu sehen. Der Text dazu hat gelautet: „Abermahliger Wunders-würdiger und entsetzlicher Scheusal, wie vormals die Ratzen, also ietzt der Katzen so da ebenmäßig zu Straßburg/bald jenen Ratten-Ungeziefer nach/nemlich den 5. u. 15. Aug. lebendig geworffen und also gefunden worden/wie gegenwärtiges Kupfer ausweiset/fünff an Einem Nabelhangende. Nach glaubhaften Berichten von guter Hand eingelanget. 1683. Zu finden bey J. J. FelsEcker." Ein im Mag. Pittoresque (1854) wiedergegebenes Bild von diesem Katzenkönig trägt die Unterschrift: „Chats trouvés à Strasbourg en 1683 — Collection d'estampes et dessins historiques de M. Hennin." Es ist zweifellos eine freie Nachzeichnung des Originals, denn dem Stil nach entspricht die Darstellung nicht der Manier, wie sie am Ausgang des 17. Jahrhunderts für derartige Bilder üblich war.

L i t e r a t u r : Carpzov (1716), Lincke (1727), Bellermann (1820), Mag. Pittoresque (1854).

Von Menschenhand hergestellte Rattenkönige

Den Naturforschern der vergangenen Jahrhunderte ist die Abseitigkeit solcher mit den Schwänzen fest verbundener Ratten verständlicherweise schon frühzeitig aufgefallen. Ihnen war es auch klar, daß sich solche Tierverbände auf die Dauer nicht selber erhalten können und deshalb naturwidrig sein müssen. So lag es nahe, daß einige Schriftsteller diese nicht häufig zu ihrer Kenntnis gelangende Erscheinung rundweg als eine Fälschung ablehnten. Der Streit der Gelehrten ging deshalb auch lange hin und her, ob RK tatsächlich auf natürlichem Wege entstehen oder lediglich Kunstprodukte darstellen. In diesem Sinne ist auch der Titel der Bellermannschen Schrift „Ueber das bisher bezweifelte Daseyn des Rattenkönigs" zu verstehen. Er versucht darin einen Schlußstrich unter diese Kontroverse zu ziehen und beweist, daß solche Verwicklungen nicht auf Aberglaube oder Fälschung beruhen, sondern auch ohne Zutun des Menschen zustande kommen und deshalb ein echtes Problem naturwissenschaftlicher Forschung darstellen. Seinen Bemühungen ist es zu danken, daß dann eine sachlichere Behandlung des Problems einsetzte. Nur Marshall, der Professor der Zoologie in Leipzig war, glaubte noch 1903 solche Verwicklungen von Rattenschwänzen auf „schalkhafte menschliche Laune" und „lustige Fopperei" zurückführen zu müssen, obwohl er es hätte besser wissen können, weil zu der Zeit bereits mehrere lebend gefundene RK als Spirituspräparate in naturwissenschaftliche Sammlungen gelangt sind und von ihm hätten untersucht werden können.

Freilich kann man es den Naturforschern des 18. und 19. Jahrhunderts nicht verübeln, wenn sie der ganzen Erscheinung skeptisch gegenüber standen. Hatte doch damals und auch heute noch kein Mensch beobachtet, wie solche Schwanzverwicklungen zustande kommen. Auch war man schließlich erst durch die Affäre, welche Fassauer 1774 mit seinem RK heraufbeschwor, darauf hingewiesen worden, daß man solche Schwanzknoten auch von Hand herstellen kann, um damit Geld zu verdienen. Die Sensationslust der Menschen war damals sicher ebensogroß wie heute, nur mit dem Unterschied, daß wir im 20. Jahrhundert anspruchsvoller in dieser Richtung geworden sind. Es ist deshalb kein Wunder, wenn wir schon frühzeitig auf ablehnende Äußerungen stoßen. In einer Besprechung von Goezes „Europäischer Fauna" in der „Gothaischen Gelehrten Zeitung" von 1792 schreibt z. B. der

Rezensent über die Darstellung des RK, daß er die ganze Angelegenheit für äußerst mysteriös halte und es ihm so vorkomme, „als wenn lustige Burschen solche Rattenkönige, von denen in den Spinnstuben die Rede ist, (selber) machten". In demselben Jahre hält auch S c h r e b e r (1792) den RK für „eine blosse und noch dazu sehr übel ausgedachte Fabel". In ähnlichem Sinne äußern sich M a r t i n i (1779), B e c h s t e i n (1801) und G i e b e l (1859), um nur einige zu nennen. Vielfach stützten sich solche Ansichten auch darauf, daß man eine natürliche Verschlingung der Rattenschwänze deshalb für unmöglich hielt, weil sie wegen ihrer Steifheit eine solche gar nicht zuließen und selbst bei gewaltsamer Verknotung brechen würden.

Bei der lebhaften Diskussion, welche dieses Problem unter den Gelehrten hervorgerufen hatte, ist es kein Wunder, wenn es nicht doch Wissenschaftler unternommen hätten, RK künstlich herzustellen, um damit zumindest die Möglichkeit solcher Bildungen unter Beweis zu stellen. So finden sich in dem Haseschen Nachlaß zwei Briefe von Dr. H. R e e k e r, dem Direktor des Westfälischen Provinzial-Museums für Naturkunde in Münster, vom 7. und 20. Februar 1915, in denen er mitteilt, daß der am 29. 1. 1905 verstorbene Prof. Dr. Herman L a n d o i s, ein weltbekanntes Original, im Oktober 1883 einen RK dadurch herstellte, daß er zehn junge Wanderratten getötet und in sternförmiger Anordnung, die Köpfe zentrifugal, mit den Schwänzen verknotete. Das Präparat befand sich damals noch in Münster. Als Erklärung hing eine von L a n d o i s gesiegelte Urkunde in lateinischer Sprache daneben, die auswies, daß er den RK selbst angefertigt habe. Nach freundlicher Auskunft von Herrn Dr. F r a n z i s k e t vom 18. 2. 1964 ist das Stück leider heute nicht mehr erhalten.

Daß aber auch die Schaulust der Menschen in früheren Zeiten mit künstlich hergestellten RK auf Jahrmärkten befriedigt wurde, ist sicher keine Seltenheit gewesen, denn sonst würde in den alten Schriften auf diese Möglichkeit nicht so oft verwiesen worden sein. Einen direkten Hinweis in dieser Richtung finden wir in einer Zuschrift von K. K ü s t h a r d t vom 4. Febr. 1915, in der er mitteilt, daß ihm aus Erzählungen seines Großvaters, der als Fuhrunternehmer in Deutschland weit herumgekommen ist, erinnerlich sei, daß RK zu der Zeit von herumziehenden Leuten lebend gezeigt wurden, er aber sofort erkannt hätte, daß die Schwänze aneinander „geheilt" waren. Dies soll von Ferkelschneidern oft ausgeübt worden sein, um Unkundige zu täuschen oder ein Geschäft auf Jahrmärkten damit zu machen.

Der Hang, mit aufsehenerregenden Kunstprodukten dieser Art leicht Geld verdienen zu wollen, ist offenbar ein allgemein menschlicher Zug und deshalb nicht auf Deutschland beschränkt. Der aus Java von v. d. Meer Mohr (1924) beschriebene, aus fünf *Chiropodomys* bestehende RK, hat wahrscheinlich auch dort den gleichen Zwecken gedient. V. d. Meer Mohr schreibt dazu: „Über die Herkunft dieses Rattenkönigs ist leider ... nichts genaues bekannt. Hinsichtlich der auffallenden Altersunterschiede liegt aber der Verdacht nahe, daß wir hier vielleicht ein von einem Eingeborenen eigenhändig angefertigtes Exemplar vor uns haben, zumal da der Knoten nur von den Schwanzspitzen gebildet wird und die Schwänze an vielen Stellen wie gebrochen aussehen. *Chiropodomys gliroides* lebt in den Kronen der Kokospalmen, wo sie auch ihr Nest baut und sich von den Nüssen nährt. Es ist darum sehr gut möglich, daß beim Pflücken der Nüsse ein oder zwei Nester samt Insassen in die Hände eines Eingeborenen gekommen sind, der seine besondere Freude daran hatte, die Tiere auf teuflische Weise zu quälen oder vielmehr dachte, mit der Herstellung eines so wunderbaren Geschöpfes als Schaustück ein gutes Geldgeschäft machen zu können. Einen so verwickelten Knoten zu fabrizieren, wie ihn die ... abgebildeten Rattenkönige darstellen, ist ihm dabei freilich nicht gelungen! Ich halte diesen *Chiropodomys*-Rattenkönig sehr bestimmt für ein Manufact."

Häufigkeit des Vorkommens von Rattenkönigen

Aus unserer oben gegebenen Aufstellung geht hervor, daß im Laufe der Jahrhunderte 37 echte RK in Mitteleuropa gefunden wurden. Diese geringe Zahl weist schon darauf hin, daß die Bedingungen für das Auffinden derartiger Verflechtungen nicht gerade günstig gewesen sein können, denn daß dies alle RK gewesen wären, die sich jemals spontan gebildet hätten, wird niemand ernsthaft annehmen wollen. Vor mehr als hundert Jahren haben sich die Berichterstatter denn auch bereits Gedanken darüber gemacht, warum RK nur so sporadisch zur allgemeinen Kenntnis gelangen. Abgesehen von den schon auf S. 13 angeführten Gründen sind sie überzeugt davon, daß derartige Verflechtungen gar nicht so selten sind, wie es scheint, sondern daß der Hauptgrund in dem Widerwillen der Menschen liegt, den sie in Stadt und Land gegen die Ratten haben und deshalb solche Gebilde sofort totschlagen und zerstören, noch ehe berufene Wissenschaftler etwas davon erfahren und sie genauer untersuchen können (Kilian 1844, Schlenzig 1856 u. a.). Erst nach dem Bekanntwerden eines solchen Fundes werden dann Umfragen und Nachforschungen in die Wege geleitet, die offenbar werden lassen, daß derartige RK viel häufiger sind, als es den Anschein hat. So schreibt Kilian (1844): „Übrigens habe ich ... von verschiedenen Orten dieselbe Erfahrung erzählen hören, daß diese monströse Verwachsung nicht so selten vorzukommen scheint." Steinvorth (1884) erwähnt im Anschluß an seinen Bericht über den Lüneburger RK, daß „in neuester Zeit auch wieder in unserer Provinz (Lüneburg) Rattenkönige von mehr oder minder großer Anzahl verknüpfter Tiere getötet sind". Und in neuerer Zeit haben Nachforschungen von Otto (1921, 1922 b, 1931/32) ergeben, daß in den ersten 20 Jahren dieses Jahrhunderts allein in Moers wenigstens vier RK gefunden wurden und fügt hinzu: „Meistens werden die Tiere getötet, angestaunt und fortgeworfen."

Weitere Beispiele für ein derartiges Verhalten haben wir bei der Beschreibung der überlieferten RK genügend beibringen können. Dabei sind die Verhältnisse für ihre Bildung in den vergangenen Zeiten zweifellos günstiger gewesen, als das heute der Fall ist. Durch die Umstellung der Bauweise vom Holz- und Fachwerkbau auf Stein und Beton und die damit einhergehende bessere Überwachung der Erntegüter sind der Hausratte in Mitteleuropa ihre Lebensmöglichkeiten weitgehend genommen, so daß sie auf dem Lande nur noch in wenigen Gegenden, wie z. B. in Niedersachsen (K l e i n s c h m i d t 1951), Baden-Württemberg (V o g e l 1953), in der Rheinprovinz oder im Fläming (B e c k e r 1952 b) verstreut vorkommen. Jedenfalls sind größere Ansammlungen davon in den letzten Jahrzehnten nie mehr aufgetreten und wenn dies in Städten einmal der Fall gewesen ist, wurden sie mit Erfolg sofort bekämpft. S c h u l z (1845) hatte sicher Recht damit, wenn er meinte, daß RK immer nur dort aufgetreten sind, wo Ratten zu Hunderten beieinander lebten. Soweit läßt man es heute aber nicht mehr kommen und deshalb werden die Aussichten immer geringer, direkte Beobachtungen an solchen Wesen anstellen zu können.

In den Tropen scheinen die Verhältnisse dafür nicht besser zu liegen. V. d. M e e r M o h r (1918) ging auf diese Frage besonders ein und mußte feststellen, daß RK auch unter den indischen Feldratten selten sind. Beim Ausgraben vieler hundert Nester dieser Ratten ist es ihm nur einmal geglückt, ein derartiges Exemplar in die Hände zu bekommen[6]. Anderen Untersuchern, die sich ebenfalls sehr intensiv mit der Biologie freilebender Nager auf Java und anderen Inseln östlich Australiens beschäftigten, ist es nie gelungen, einen RK zu finden. Schon aus diesen Andeutungen geht hervor, daß auch unter Freilandbedingungen in tropischen Ländern derartige Bildungen zu den Seltenheiten gehören. Selbst die Eingeborenen auf Java haben auf Befragen für solche auffallenden Rattenversammlungen keinen geläufigen Namen angeben können, was für den gleichen Tatbestand sprechen dürfte.

Dieser Sachverhalt macht es verständlich, wenn in der Literatur bereits vor mehr als hundert Jahren darauf hingewiesen wird, daß solche interessanten Objekte möglichst schnell einem naturwissenschaftlichen Museum zur genaueren Untersuchung überwiesen und in den einschlägigen Zeitschriften auf ihre Bedeutung hingewiesen werden sollte, ja „daß ein Preis ausgestellt würde für den, welcher einen lebendigen Rattenkönig einliefere" (S c h l e n z i g 1856). An anderer Stelle ist derselbe Autor (1853) auch davon überzeugt, daß sich ein solcher RK „durch ein recht sorgsames Füttern am Leben erhalten" lasse. Auch S c h e l l h a m m e r (1691) scheint schon die Absicht gehabt zu haben, das Verhalten eines lebenden RK zu studieren, wenn er seinem Bericht von dem in Kiel gefundenen und vorzeitig vernichtetem Exemplar bedauernd hinzufügt, daß er viel darum gegeben hätte, ihn lebend zu bekommen, „mit welcher Mühe ich es (das Monstrum) auch anderwärts hingebracht hätte, um es am Leben zu erhalten" (!). Damit ist schon der Weg für die weitere, experimentell ausgerichtete Forschung gewiesen. Letzten Endes beabsichtigen auch wir mit dieser Darstellung nur,

---

[6] Die beiden anderen von v. d. M e e r M o h r beschriebenen RK von Java sind sicher auch nur Zufallsfunde gewesen.

eine Grundlage für weitere Untersuchungen zu bieten, denn die vorliegenden Beobachtungen geben u. E. schon genügend Ansatzpunkte, das Problem der Entstehung eines RK im Laboratorium seiner Lösung näher zu bringen. Dafür ist es aber nötig, die schon gegebenen Erklärungsversuche kritisch zu beleuchten und das Gemeinsame, welches den bisher gefundenen RK zugrunde liegt, herauszuschälen. Dies soll in den jetzt folgenden Abschnitten geschehen.

Allgemeine Charakteristik von Rattenkönigen

Wie aus unserer Übersicht über die bisher beschriebenen RK hervorgeht, sind die meisten dieser Bildungen in Deutschland gefunden worden. Es kommen noch einige Exemplare aus Frankreich und eins aus den Niederlanden hinzu. Außerhalb Europas kennen wir noch drei Stück von Java. Wenn wir von diesen jetzt absehen, interessiert zunächst die Frage nach der Artzugehörigkeit, aus der die bekannten RK zusammengesetzt sind. Die meisten Berichterstatter sprechen von Hausratten *(Rattus rattus)* und soweit die Art selbst nicht ausdrücklich genannt wurde, geht aus ihrer Beschreibung oder den Fundumständen hervor, daß es sich sehr wahrscheinlich um diese Art gehandelt hat. Auch dort, wo von Wanderratten *(R. norvegicus)* die Rede ist, konnte gezeigt werden, daß es sich dabei wahrscheinlich um eine Fehlbestimmung handelte. Uns ist jedenfalls keine Beschreibung bekannt geworden, die eindeutig den Schluß zuließe, daß die Bildung eines RK auch bei Wanderratten vorgekommen wäre. Wir können somit vorläufig annehmen, daß RK bisher nur bei Hausratten vorgekommen sind, oder, wenn wir die Funde von Java mit einbeziehen, sie allgemein bei Langschwanzratten auftreten.

Die Zahl der in einem RK verwickelten Individuen wechselt in weiten Grenzen. Wie aus der nachfolgenden Aufstellung hervorgeht, bestehen die meisten dieser Bildungen aus 6—12 Tieren, die kleinste bestand aus 3, die größte aus 32 Ratten.

Anzahl der in einem Rattenkönig vereinigten Ratten mit ihren Fundorten (sichere Fälle)

3 Ratten	:	Berlin
5—6 „	:	Obermodern
6 „	:	Arnstadt, Bonn, Sondershausen, Straßburg, Java
7 „	:	zweimal Braunschweig, Hamburg, Leutershausen, Lichtenplatte, Moers, Courtalain, Le Vernet, Bucphen
8 „	:	Düsseldorf, Flein, Lüneburg
9 „	:	Rossla
10 „	:	Dellfeld, Langensalza, Rüdershausen, Java
10—11 „	:	Wundersleben
11 „	:	Dorndorf
12 „	:	Dieskau, Erfurt, Zaisenhausen

13 Ratten : Frankfurt
14   „   : Döllstädt, Kiel
15   „   : Krossen
18   „   : Großballhausen
28   „   : Döllstädt
32   „   : Buchheim

Den Fundberichten ist weiter zu entnehmen, daß nur sehr wenige RK tot als Mumien (z. B. in Leipzig und Buchheim) gefunden wurden und nur einer erfroren, aber noch frisch im Fleisch (Dellfeld). Die meisten RK sind lebend entdeckt worden, wobei die Tiere durch lautes Fiepen erst die Aufmerksamkeit der Beobachter auf sich gelenkt haben (z. B. in Braunschweig, Döllstädt, Düsseldorf, Kiel, Leutershausen, Lichtenplatte, Lüneburg, Moers und Stuttgart).

Die Größe der in den einzelnen RK vereinigten Tiere ist ebenfalls recht unterschiedlich. Die kleinsten Ratten, bei denen sich eine Verknotung der Schwänze eingestellt hat, sind mit 6 cm Kopf-Rumpf-Länge zweifellos die von Le Vernet. Auch der von Z e h n t n e r aus Java photographierte RK bestand aus nestjungen Tieren. Die ältesten Ratten sind offenbar diejenigen, welche in dem Buchheimer RK vereinigt sind. Ihre Schädelmaße liegen zwischen 34 und 42 mm. Verglichen mit den von B e c k e r (1952 b) mitgeteilten Werten, handelt es sich um Tiere, die bereits geschlechtsreif waren. Diese Größen- bzw. Altersunterschiede lassen sofort die Frage nach dem Zeitpunkt der Verknotung auftauchen, die aber weiter unten im Zusammenhang mit den Erklärungsmöglichkeiten ausführlicher diskutiert werden soll. Wichtig ist hier noch der vielfach gegebene Hinweis, daß die Krallen der älteren in einem RK vereinigten Ratten fein zugespitzt, auf jeden Fall nicht abgenutzt waren. Wir haben darauf besonders in den Beschreibungen der noch in den Museen von Altenburg, Hamburg und Göttingen vorhandenen RK hingewiesen. Die Tiere müssen demnach schon längere Zeit miteinander verknotet gewesen sein.

Auch die Beschaffenheit der in dem Knoten verwickelten Schwänze läßt darauf schließen, daß die Tiere vielfach schon geraume Zeit miteinander verbunden waren; denn anders läßt es sich kaum erklären, wenn die Schwänze an den Berührungsstellen oft wie Riemen eingeschnürt oder die aus dem Knoten herausragenden Schwanzspitzen gelegentlich eingetrocknet waren. Dies ist auf eine Abschnürung der Versorgungsleitungen zurückzuführen. Einen Übergang dazu bilden die Hinweise auf Schwellungen, welche bei den gelegentlich in den Schwanzknoten mit verwickelten Hinterfüßen beobachtet wurden. Bei dem in Le Vernet gefundenen RK war z. B. ein Bein stark angeschwollen. Dasselbe war auch bei zweien der auf Java gefundenen Exemplare der Fall. Bei der außerordentlich innigen und dichten Verwicklung der Schwänze, wie sie auf den oben wiedergegebenen Abbildungen deutlich zu erkennen sind, ist es kein Wunder, wenn solche Abschnürungen nicht ohne Folgen bleiben.

In den Schwanzknoten sind häufig auch Fremdgegenstände mit eingeflochten gewesen. Bei dem RK in Dellfeld war es das die Tiere umgebende Heu, in Hamburg Stroh und Bindfaden und in Bandjaratma ebenfalls Stroh, aus dem das Nest der Tiere hergerichtet war. Oft wird auch davon gesprochen, daß der Schwanzknoten mit Klebstoffen der verschiedensten Art durchsetzt gewesen ist. So wird von dem in Düsseldorf gefundenen RK berichtet, daß sein Schwanzknoten mit einem Gemisch aus Talg, Lehm und Kuhhaaren verklebt war, der Hamburger RK ist ebenfalls verschmutzt gewesen und der Knoten des Moerser RK war von einer pechartigen, schmierigen Masse durchsetzt.

Als Fundort der RK gilt allgemein das Nest der Tiere oder doch ein nestartiger enger Winkel, in dem die Tiere dicht beieinander saßen. Auch die als Mumien erhalten gebliebenen RK sind in engen Mauerlöchern angetroffen worden, die ihnen früher einmal als Nest oder Unterschlupf gedient haben können.

Von sehr vielen lebend aufgefundenen RK ist bemerkenswert, daß die Tiere in der kalten Jahreszeit entdeckt wurden. Dies mag freilich damit zusammenhängen, daß sich die Ratten erst im Herbst zum Schutz gegen die Unbilden der Witterung mehr und mehr in die Gebäude zurückziehen und dort — wenigstens in bäuerlichen Betrieben — einen reich gedeckten Tisch in Form eingelagerter Erntegüter vorfinden. Beim Dreschen des Getreides und anderen Tätigkeiten konnte es dann leicht geschehen, daß solche verknäuelten Tiere gefunden wurden, und dies um so mehr, als sie ihre Schlupfwinkel meistens durch ihr Geschrei selbst verrieten.

Erklärungsversuche

Diese für alle oder wenigstens einen großen Teil der bisher gefundenen RK zutreffenden Merkmale waren den früheren Beobachtern auch schon aufgefallen und haben wesentlich die Vorstellungen beeinflußt, welche man sich über das mögliche Zustandekommen derartiger Bildungen gemacht hat. Viele davon scheinen uns zwar heute völlig abseitig zu sein, andere enthalten dafür zweifellos einen richtigen Kern. Ohne einen Anspruch auf absolute Vollständigkeit erheben zu wollen, sollen die wichtigsten und am meisten zitierten Hypothesen hier aufgeführt werden.

Einige der vorgebrachten Erklärungsmöglichkeiten wollen uns heute recht sonderbar erscheinen und sind nur ein Beweis dafür, wie gering die Kenntnis biologischer Zusammenhänge noch vor 150 Jahren unter den Zoologen war. Zoologie bedeutete damals noch weitgehend Kenntnis der Tierformen und ihrer Anatomie. Das lebende Tier in seinem Verhalten als Einzelwesen oder in der Gruppe oder auch sein Zusammenhang mit der es umgebenden belebten und unbelebten Umwelt, Fragen, die heute im Vordergrund biologischer Forschung stehen, waren damals noch weitgehend unbekannte Begriffe. Biologie wurde noch in der Studierstube, im Museum oder allenfalls im „Laboratorium" betrieben, aber die Tiere wurden nicht dort beobachtet, wo sie wirklich leben. Dies muß um so mehr verwundern, als es gerade am Beispiel der Ratten möglich gewesen wäre — damals besser als heute —, das Leben und Treiben dieser Arten aus nächster Nähe beobachten zu können. Weil man aber offenbar dafür nicht die rechte Einstellung fand, wurden für das Zustandekommen von RK die merkwürdigsten Ansichten geäußert. So glaubte Meisner (1818/19) z. B., daß Ratten alte oder auch schwache Artgenossen zusammenschleppen und lebend zu einem RK vereinigen. Dieser würde dann im Winter als Nest für ihre Jungen dienen. Blumenbach (1779) meinte noch, daß alte, kraftlose Ratten in einem Winkel zusammenkriechen und dort von jüngeren versorgt und gefüttert werden. Wenn sie so der Ruhe pflegen, würden sie sich gelegentlich mit ihren Schwänzen verwickeln. Ähnlicher Ansicht ist auch Richter (1797) wenn er meint, daß alte Ratten der Wärme wegen zusammenkriechen und sich dabei ihre Schwänze so fest ineinander verschlingen, daß sie nicht mehr voneinander loskommen können. Goeze (1792) hält dem aber entgegen, daß es nach seinen Erfahrungen keine alten und „gebrechlichen" Tiere gewesen sind, die auf solche Weise vereinigt gefunden wurden, sondern durchaus lebenstüchtige und gesunde Individuen.

Anfangs war G o e z e (1787) der Meinung, daß sich vergiftete Ratten (wahrscheinlich im Todeskampf) mit ihren Schwänzen verwickeln, nimmt diese Ansicht aber später (1792) wieder zurück, „weil dergleichen Ratzen bald sterben müssen!" Dennoch war S c h l e g e l in Altenburg noch 1863 nicht abgeneigt, die Entstehung eines RK „in einer chronischen (Arsen) Vergiftung zu suchen".

Die von C a r p z o v (1716) beschriebenen sogen. „Katzenkönige" haben schon frühzeitig Aufsehen erregt und die an ihnen gemachte Beobachtung wurde begreiflicherweise auch für eine mögliche Erklärung der RK herangezogen. So glaubte L i n c k e (1726), daß die in Tambachshof gefundenen Rattenmumien auf ähnliche Weise mit ihren Nabelschnüren verwickelt gewesen sein könnten und deshalb nicht wieder voneinander loskamen. Auf die Möglichkeit, daß Wurfgeschwister durch Reste von Embryonalhüllen mit ihren Schwänzen verkleben, weist auch S t e i n i g e r (1952) hin. Er verwirft aber diese Annahme, weil die Zahl der zu einem RK verbundenen Ratten oft größer ist, als bestenfalls in einem Wurf vereinigt sein können. Nach seiner Meinung kommt noch hinzu, daß eine derartige Verwicklung von der Mutter der Jungtiere bald wieder zerstört werden würde, weil der Putztrieb des Muttertieres den Jungen gegenüber sehr stark ist. Die nackten Säuglinge werden nämlich täglich mehrmals beleckt, besonders am Bauch, wodurch sie zur Abgabe von Kot und Urin veranlaßt werden. Diese Abgänge werden von den Müttern aufgenommen und dadurch ihre Kinder und das Nest während der Saugperiode rein gehalten. Es ist auch sehr unwahrscheinlich, daß bei derartigen, sich oft wiederholenden Prozeduren, die Jungtiere schon in diesem Alter aneinander haften bleiben sollten. Aus diesem Grunde ist es besonders schade, daß die Entwicklung der drei von v. d. M e e r M o h r (1924) beschriebenen Jungratten, welche mit ihren Nabelschnüren verwickelt waren, und das Verhalten ihrer Mutter zu ihnen nicht weiter verfolgt werden konnte. So gibt seine Mitteilung nicht mehr als einen Hinweis darauf, daß derartige Verwicklungen kurz nach der Geburt nicht nur bei Katzen, sondern auch bei Ratten vorkommen können. Mit echten RK haben solche Bildungen aber noch nichts zu tun, wenn auch, wie bei den Ratten auf Java, der Schwanz von einem der Tierchen fest in den Knoten verwickelt war. Sollte aber die Verbindung doch länger standhalten, als S t e i n i g e r dies für möglich hält, könnte damit immerhin eine „Initialzündung" gegeben sein, die dann später, wenn die Schwänze ihr beschleunigtes Längenwachstum durchmachen, zu einer endgültigen Verwicklung derselben führt.

Eine andere, ebenfalls mit der Jungenpflege zusammenhängende Möglichkeit, sieht Beckmann (1880) darin, daß die Mutter auf den zufällig zusammenliegenden Schwänzen der Jungen sitzt, während sie die Körper ihrer Kinder „in üblicher Weise mit ihrer Schnauze durcheinander wirft". Offenbar ist hiermit gemeint, daß die Jungen bei der Säuberung von der Mutter eines nach dem anderen vorgenommen werden und dabei durcheinander geraten.

Goeze (1792) glaubt, daß sich die Männchen während der Ranzzeit beim Streit um ihre Weibchen mit den Schwänzen verwickeln. Dasselbe halten auch Batsch (1796) und Borowsky (nach Bellermann 1820) für möglich. Auch Steinvorth (1884) glaubte noch annehmen zu müssen, daß der Geschlechtstrieb beim Zustandekommen der Verknotung eine Rolle spielt. Bellermann (1820) lehnte diese Theorie aber schon mit Entschiedenheit ab und weist auf die Unwahrscheinlichkeit hin, daß sich auf diese Weise zehn, zwölf oder mehr ausgewachsene Ratten miteinander verwickeln. Er stellt auch fest, daß diese Ansicht nicht mit der Beobachtung harmoniert, daß RK vorwiegend aus jungen Tieren zusammengesetzt sind, die noch dazu den Eindruck machen, als stammen sie aus einem Wurf.

Eine oft wiederholte und im Grundsätzlichen sicher nicht ganz abwegige Begleiterscheinung beim Zustandekommen eines RK sehen viele Autoren darin, daß die Schwänze der noch jungen Ratten erst durch irgendwelche Klebstoffe zusammengehalten werden und schließlich durch das Über- und Untereinanderkriechen der Jungen miteinander verknoten. Oken (1816) meinte allerdings noch, daß dieses Zusammenkleben der Schwänze lediglich bei trägen Ratten vorkomme, „wenn sie fett sind". Voigt (1835), Giebel (1859) und Fitzinger (1860) nehmen eine „krankhafte Exsudation" infolge von Räude zu Hilfe und Homeyer (1876) glaubt, daß die von Räude befallenen Ratten „das Bedürfnis ... haben, ihre Schwänze aneinander zu legen, wodurch dieselben an einander kleben".

Die Prüfung der noch vorhandenen RK hat aber keinerlei Anhaltspunkte dafür ergeben, daß Räudemilben für das Zustandekommen der Verknotungen verantwortlich gemacht werden können. Dafür können aber andere als Klebstoffe wirkende Fremdkörper aus der Umgebung der Ratten durchaus in Frage kommen. Beckmann (1880), v. d. Meer Mohr (1918, 1924) und Olt (1931/32) haben darauf mit Recht nachdrücklich aufmerksam gemacht. Die Beobachtungen an den in Düsseldorf, Moers und auf Java gefundenen RK legen jedenfalls den Schluß nahe, daß klebende Substanzen für das erste Aneinanderhaften der Schwänze eine Rolle gespielt haben. Welche Stoffe dabei mitwirken können, ist freilich noch eine offene Frage. Vielleicht bieten

Kot und Urin, vermischt mit anderen Stoffen (z. B. Ton und Lehm wie auf Java oder Fette wie in Düsseldorf), die vom Muttertier ins Nest getragen werden, diese Möglichkeit. Dabei können Heu, Stroh, Bindfäden oder ähnliche Fremdkörper diese Wirkung noch unterstützen, indem durch sie die Thigmotaxis der Schwänze ausgelöst und dadurch ein noch innigerer Kontakt zwischen den Schwänzen selbst herbeigeführt und ihre Verknotung beim Durcheinanderkriechen der Tiere erleichtert wird. Notwendige Vorbedingung für die Verflechtung der Schwänze scheinen derartige Hilfsmittel jedoch nicht zu sein, denn es gibt genügend RK, bei denen die Schwanzknoten absolut sauber gehalten waren. Deshalb wird ihr thigmotaktisches Empfinden bei den Verschlingungen die Hauptrolle spielen, während Klebstoffe und andere Fremdkörper nur eine unterstützende Funktion haben. Die Hausratte, welche von Natur aus ein Baumtier ist, wird sicher ebenso, wie andere Langschwanzmäuse auch ihren stark thigmotaktisch reagierenden Schwanz nicht nur beim Klettern benutzen, sondern ihn triebmäßig um Fremdkörper, also auch um Schwänze von Artgenossen zu wickeln versuchen. Vielleicht ist hierin die Hauptursache für das Zustandekommen eines RK zu sehen.

Eng mit diesen Vorstellungen ist auch eine Anschauung verknüpft, nach der die Schwänze bei großer Kälte zunächst zusammenfrieren und die Tiere im Laufe ihrer Befreiungsversuche die Schwänze miteinander verknoten sollen. Diese Möglichkeit wurde zuerst von B u r - d a c h in seinem Gutachten über den Lindenauer RK aus dem Jahre 1774 erörtert, denn wenige Tage vor seiner (angeblichen?) Entdeckung hatte eine sehr strenge Kälte eingesetzt und B u r d a c h vermutet deshalb, daß sich die Tiere, um sich zu wärmen, in einem engen Winkel neben- und übereinandergelegt haben, wobei es dann wohl geschehen konnte, daß die Exkremente der oben liegenden Ratten auf die Schwänze der sich darunter befindenden fielen und damit die Voraussetzung schafften, daß sie zusammenfroren und „sobald sie nach ihrer Nahrung gehen wollten ... eine so feste Verwicklung bewerkstelligt haben müssen, daß sie auch bei bevorstehender Lebensgefahr sich nicht mehr losreißen konnten" (S c h l e n z i g 1856). Auch O u s t a - l e t (cit. n. D o l l f u s, 1905/06) glaubte, daß die Verknüpfung der Schwänze des RK von Courtalain durch Zusammenfrieren entstanden sei. Zuletzt wies S t e i n i g e r (1950) auf diese Möglichkeit hin. Er schloß dies aus einer Beobachtung, die er an 14 gekäfigten Wanderratten machte, die sich bei einer Zimmertemperatur von + 7 °C so übereinander gelegt hatten, daß ihre Schwänze in eine Richtung wiesen und in der Mitte sämtlich aneinandergelegt waren „wie Zigarren in einer Kiste". Die Temperatur zwischen den Schwänzen wurde durch Einstecken eines Thermometers mit + 9 °C ermittelt. Aus der Tatsache, daß sich im Freien lebende Ratten gelegentlich ihre Schwänze erfrieren und die nekrotischen Schwanzenden oft wochenlang mit sich herumtragen, ehe sie abfallen oder von den Tieren abgebissen werden, entwickelte er die Vorstellung, daß bei einem solchen frierenden Rattenbündel bei Anwesenheit von Feuchtigkeit die Schwanzspitzen aneinander frieren und ein RK zustande kommen könnte, wenn die Tiere bei einem anschließenden Befreiungsversuch durcheinander kriechen würden und so schließlich unentwirrbar miteinander verbunden bleiben.

Wir möchten dieser Hypothese nicht beipflichten. Wenn sie zutreffend wäre, müßten abgestorbene Schwanzteile bei viel mehr RK zu beobachten sein, als dies tatsächlich der Fall ist. Außerdem muß auch darauf verwiesen werden, daß die RK von Java ganz gewiß ohne Frosteinwirkung entstanden sind und viele der in Europa gefundenen RK an geschützten Örtlichkeiten gelebt haben, wo Temperaturen unter dem Gefrierpunkt nicht vorkommen.

Viel ist auch über den Zeitpunkt diskutiert worden, wann die Verknotung der Schwänze stattgefunden hat. Die meisten Autoren (z. B. Bellermann 1820, Voigt 1831, Kilian 1838, Lüben 1848, Schlenzig 1853, Lenz 1860) glauben dieses Ereignis in die früheste Jugend verlegen zu müssen, weil dann die Schwänzchen noch nackt und „klebrig" seien und überdies auch noch biegsam genug sind, um ohne zu brechen sich in engen Windungen miteinander verbinden zu können. Auch v. d. Meer Mohr (1924) verlegt die Entstehung des Schwanzknotens in ein frühes Entwicklungsstadium, „unmittelbar nach der Geburt oder in die ersten Lebenswochen der jungen Ratten".

Welcher dieser Lebensabschnitte am günstigsten für eine derartige Verstrickung ist, kann uns die in Abb. 22 dargestellte Entwicklung der relativen Schwanzlänge bei Hausratten in Verbindung mit Tab. 1 zeigen. Bei sehr jungen, noch nackten nestjungen Ratten sind die Schwänze noch kurz. Bis die Tierchen eine Kopf-Rumpf-Länge von etwa 50 mm erreicht haben, wachsen sie proportional der Körperlänge und erst von dieser Größe ab beginnt ein rapides Streckenwachstum einzusetzen, das bis zu einer Kopf-Rumpf-Länge von etwa 10 cm unvermindert anhält. Von da ab wachsen die Schwänze wieder proportional zur Körperlänge und behalten damit die für Hausratten typischen Verhältnisse.

Nach de l'Isle (1865), Kelway u. Thompson (1957) und eigenen Befunden läuft die Jugendentwicklung von Hausratten in folgender Weise ab: Wie bei Wanderratten werden die Jungen der Hausratte nackt und blind geboren. Im Alter von 14—16 Tagen öffnen sich bei ihnen die Augen. Mit 21—24 Tagen erfolgt der Durchbruch des ersten

Molaren. Die Tiere sind dann etwa 90 mm lang und beginnen selbständig Futter aufzunehmen, werden aber zusätzlich immer noch von ihren Müttern genährt. Endgültig abgesetzt werden sie gewöhnlich

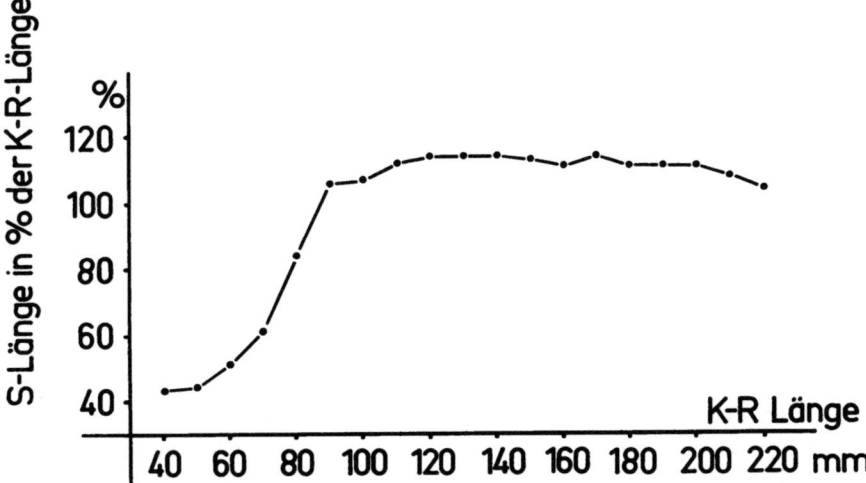

Abb. 22. Schwanzlängen in Prozent der Kopf-Rumpf-Länge bei Hausratten (*Rattus rattus*) aus Berlin (vgl. Tab. 1).

Tabelle 1: **Mittlere (M) und relative Schwanzlängen (in % der K-R-Länge) von 855 Hausratten aus Berlin in Größenklassen von je 10 mm. Fangzeit: 17. November 1948 bis 16. Dezember 1951.**

K-R-Länge mm	N	Schwanz- länge mm	M mm	δ mm	Schwanzlänge in % der Körperlänge
35 — 44	4	16 — 18	17	± 1	42,5
45 — 54	5	15 — 28	22	6	44,0
55 — 64	8	24 — 37	31	5	51,2
65 — 74	10	35 — 69	43	10	61,4
75 — 84	17	43 — 98	67	17	83,8
85 — 94	25	65 — 128	95	15	105,6
95 — 104	34	87 — 139	107	11	107,0
105 — 114	76	92 — 148	123	11	111,8
115 — 124	72	116 — 169	137	10	114,2
125 — 134	76	122 — 182	148	11	113,8
135 — 144	62	140 — 182	159	10	113,6
145 — 154	52	152 — 195	169	8	112,7
155 — 164	52	151 — 213	178	10	111,3
165 — 174	63	172 — 221	194	11	114,1
175 — 184	65	176 — 237	199	14	110,6
185 — 194	94	180 — 235	211	13	111,1
195 — 204	82	194 — 249	222	14	111,0
205 — 214	41	197 — 258	227	13	108,1
215 — 224	17	210 — 250	229	12	104,1

zwischen dem 28. und 32. Lebenstag. Da aber oft schon nach 21 Tagen ein neuer Wurf geboren wird, so daß zwei Würfe gleichzeitig in einem Nest liegen, ist es schwierig festzustellen, wann der erste Wurf tatsächlich selbständig wird.

Bei 19 schon etwas größeren Jungratten mit zwei Molaren (Kopf-Rumpf-Länge 91—119 mm), die 1949 in Berliner Häusern gefangen wurden, bestand der Mageninhalt von 11 Tieren aus grünen Pflanzenteilen, 6 Mägen enthielten irgendwelche Getreidestärke und ein Magen war leer; nur ein weiterer Magen enthielt neben schleimigen Bestandteilen auch koagulierte Milch. Es kann deshalb angenommen werden, daß Hausratten dieser Größe bereits weitgehend selbständig auf Futtersuche ausgehen und nur noch selten von ihrer Mutter gesäugt werden.

Etwa im Alter von 6 Wochen beginnt auch der 3. Molar durchzubrechen. Scrotale Hoden kamen frühestens mit 7 Wochen zur Beobachtung. Zu diesem Zeitpunkt ist die Vagina der Weibchen aber noch geschlossen. Die Entwicklung der Männchen ist offenbar etwas früher abgeschlossen als die der Weibchen. Dies geht auch daraus hervor, daß 50 % der in Berlin gefangenen Hausrattenmännchen bei einer Kopf-Rumpf-Länge von 146 mm scrotale Testes hatten, während die Weibchen erst bei einer Länge von 153 mm zu 50 % eine perforierte Vagina besaßen. Die Tiere sind dann geschlechtsreif und haben ein vollständiges Gebiß. Die ersten erfolgreichen Begattungen treten frühestens mit Ablauf des dritten Lebensmonats auf.

Die jüngsten RK, von denen Körpermaße vorliegen, sind die von Le Vernet (6 cm), Courtalain (10 cm), Berlin (10,0—10,8 cm) und Hamburg (10,0—11,0 cm). Ihre Kopf-Rumpf-Längen bewegen sich gerade in dem Bereich, in dem das stärkste Längenwachstum der Schwänze erfolgt (vergl. Abb. 22). Es ist deshalb sehr wahrscheinlich, daß in diesem Entwicklungsstadium die Verknotung am leichtesten stattfindet, zumal dann die Ossifikation der Epiphysen der Schwanzwirbel noch nicht abgeschlossen ist und die Schwänze noch eine genügend große Biegsamkeit besitzen, um ohne zu brechen einen festen Knoten miteinander zu bilden. Bei allen RK, deren Mitglieder älter bzw. größer als die vorerwähnten waren, zeigten die Schwänze schon Deformationen in der Form von Einschnürungen und Abplattungen, die darauf schließen lassen, daß die Tiere schon längere Zeit auf diese Weise miteinander verbunden waren. Wir können somit annehmen, daß die Entstehung der RK nicht bereits unmittelbar nach der Geburt erfolgt, sondern erst in der dritten bis vierten Lebenswoche, zu einem Zeitpunkt also, wenn der erste Molar erscheint und die Tiere schon frei beweglich, aber noch auf mütterliche Pflege angewiesen sind.

Zuletzt sei noch auf eine interessante Möglichkeit für die Entstehung eines RK eingegangen, die bereits von dem anonym gebliebenen Berichterstatter im Wittenbergischen Wochenblatt von 1774 vorgetragen, jedoch auf der Fehldeutung einer sonst richtigen Beobachtung beruhte und deshalb später wieder abgelehnt wurde (z. B. B e c h s t e i n 1789), ohne daß der richtige Kern der Sache erfaßt worden wäre. Der anonyme Verf. hielt es nämlich für möglich, daß sich die Schwänze „beim Spielen" der Tiere, wenn sich viele von ihnen in einem engen Raum befinden, so ineinander verschlingen, daß sie sich bei plötzlichen Störungen nicht wieder voneinander lösen können. Wörtlich schreibt er: „Die Ratzen spielen gern mit den Schwänzen und Pfoten, so wie unter den größeren Thieren die Bären. Wenn ihrer viele in einem kleinen Raum beysammen liegen, so schlingen sie ihre Schwänze um einander, um miteinander zu spielen und sich zu näcken... Werden sie nun um diese Zeit überfallen: so können sie sich so schnell nicht wieder loswickeln, um zu entkommen und daher findet man sie beysammen." Der Verf. glaubte hier das Spiel der Ratten mit ihren Schwänzen beobachtet zu haben, obwohl es sich zweifellos um einen Putzvorgang gehandelt hat. Es ist heute bekannt, daß Ratten, die nach der Nahrungssuche in ihr Nest zurückgekehrt sind, sich zunächst einmal gründlich säubern, bevor sie sich zur Ruhe legen und schlafen. Bei diesem Säuberungsakt werden nicht nur das Fell, sondern auch die Füße und der Schwanz mit der Zunge beleckt und mit den Nagezähnen durchgekämmt. Dabei sitzen die Tiere fast gerade auf ihren Hinterfüßen und die Bewegungen sind hurtig und werden oft ruckartig unterbrochen, so daß bei nur flüchtiger Beobachtung durchaus der Eindruck entstehen kann, sie würden z. B. mit ihrem Schwanz spielen. Stellt man sich aber vor, daß mehrere Ratten gleichzeitig in ihrem Nest dieses Putzgeschäft ausführen und sie Rücken an Rücken sitzend zufällig ihre Schwänze ineinander verhaken, wäre es denkbar, daß sie sich bei dieser Gelegenheit mehr und mehr ineinander verheddern. Eine Unterstützung könnte dieser Vorgang erfahren, wenn durch Fremdkörper das thigmotaktische Empfinden der Schwänze angeregt wird, wodurch sie veranlaßt werden, Kontakt miteinander zu behalten. Kommen dann noch zufällig vorhandene Klebstoffe irgendwelcher Art hinzu, wird die erste Verknüpfung der Schwänze noch inniger. Kriechen die Tiere dann noch durcheinander, dann können sich die Schwänze noch mehr ineinander verwickeln. Bei einem erst lose gefügten Knoten würde u. U. das plötzliche Fortstreben einer Ratte genügen, um den Knoten festzuziehen, wodurch auch die übrigen Mitglieder einer solchen Gemeinschaft aneinandergefesselt wären.

Über die Geschwindigkeit, mit der eine solche Verknotung vonstatten geht, haben wir uns auch noch keine ausreichende Vorstellung verschaffen können. Die Bildung des 1949 in Berlin gefundenen RK, der aus drei Hausratten bestand, kann nur in der Zeit vom späten Nachmittag bis zum folgenden Morgen erfolgt sein und höchstens 16 Stunden in Anspruch genommen haben. In dieser Zeit sind die Schwänze bereits so fest ineinander verschlungen gewesen, daß es mühsam gewesen ist, sie wieder zu entflechten.

Weniger schwierig, als eine plausible Begründung für das Zustandekommen der Schwanzverknotung zu finden, ist eine Erklärung für die große Zahl der gelegentlich in einem RK vereinigten Individuen zu geben. Wie aus unserer Zusammenstellung auf S. 79/80 hervorgeht, sind 28 und 32 Ratten miteinander verknüpft aufgefunden worden. Das sind weit mehr Individuen, als bestenfalls in einem Wurf auftreten können. 21 Würfe, die K e l w a y u. T h o m p s o n (1957) von gezüchteten Hausratten erzielten, hatten 4—8, im Durchschnitt 6,1 Junge. Bei d e l ' I s l e (1865) traten in 29 Würfen im Durchschnitt 5,3 Junge auf. 37 in Berlin gefangene trächtige Weibchen trugen bei einer Variationsbreite von 1—12, im Durchschnitt 7,5 Embryonen.

Die aus einer größeren Zahl von Individuen zusammengesetzten RK bestehen deshalb sicher aus mehreren Würfen, die auch nicht gleichaltrig sein müssen. Die uns bekannt gewordenen Exemplare sind denn auch oft aus verschieden großen Tieren zusammengesetzt gewesen, worauf schon in den Einzelbeschreibungen hingewiesen wurde. Erinnert sei nur an die Fälle von Buchheim, Moers, Rüdershausen und Sondershausen.

Wie von anderen Nagern, so sind auch von Hausratten Nester gefunden worden, in denen mehrere ungleich alte Würfe beieinander lagen und hinsichtlich ihrer Größe solche Unterschiede aufwiesen, daß sie unmöglich Geschwisterwürfe von einem Weibchen sein können. Besonders in Anpassung an große Kälte kommt es nicht nur bei Hausmäusen, sondern auch bei Ratten zur Bildung von Gemeinschaftsnestern, in denen mehrere Würfe verschiedener Weibchen gleichzeitig aufgezogen werden. G a f f r e y (1955) berichtet von einem solchen, wahrscheinlich von Hausratten angelegten Nest mit 30 Jungen, das sich in dem Kühlraum einer Markthalle bei einer konstanten Temperatur von — 8 °C befand. Ein Teil der Jungen war noch nackt, während die übrigen schon Behaarung zeigten. Es waren also mindestens zwei, wenn nicht mehr Würfe. Aber auch unter günstigeren Bedingungen kann es zur Bildung von Nestgemeinschaften mehrerer Würfe kommen. In der Zeitschrift „Rat en Muis" vom August 1963 ist der Inhalt eines solchen Nestes abgebildet, das in einem Dunghaufen gefunden wurde und in diesem Falle wahrscheinlich von Wanderratten angelegt war. Es enthielt 26 Junge, die altersmäßig nur wenige Tage auseinander lagen, aber ihrer Größe nach zu urteilen aus drei Würfen (zweimal 9, einmal 8 Junge) stammten. Es ist also leicht denkbar, daß RK, die aus verschieden großen oder aus einer Vielzahl von Individuen zusammengesetzt sind, solchen volkreichen Nestgemeinschaften entstammen, die möglicherweise auch durch Adoption von Angehörigen verschiedener Würfe durch ein Weibchen zustande kommen können.

Da RK sich nie frei fortbewegend, sondern nur in ihrem Nest oder einem engen Schlupfwinkel gefunden wurden und oft längere Zeit in ihrem Verbande gelebt haben müssen, ist auch noch auf ihre Ernährung einzugehen. Diese Frage haben schon die älteren Autoren berührt und dazu überraschend gute Beobachtungen beigebracht. G o e z e (1792) schreibt z. B.: „Daß sie (die RK) fortleben, ungeachtet sie nicht von der Stelle kommen können, rührt wohl daher, weil die andern, die ebenfalls an solchem entlegenen Orte hausen, zwar nicht absichtlich, aber doch wirklich für sich selbst, Futter genug zu schleppen". S c h e l l h a m m e r (1691) fährt im Anschluß an den Fundbericht des Kieler Falles fort: „Unzweifelhaft haben jene 4 ersten Ratten das Scheusal mit herangeschaffter Nahrung erhalten. Und vielleicht waren noch viel mehr daran beteiligt. Denn wie hätten die 4 vierzehn Mägen füllen und zugleich selber bestehen können?" Und K i l i a n (1838) berichtet, daß nach Pfarrer D o l l der Mann, der den RK von Zaisenhausen gefunden hat, zuvor vier Ratten öfters mit Futter in dem Mauerloch verschwinden sah, wo sich der RK befand und schloß daraus, daß diese vier Ratten den RK mit Futter versorgt haben. Daß Ratten gern Nahrung in ihren Schlupfwinkel eintragen, ist damals also eine ebenso bekannte Erfahrung gewesen wie heute. Und G o e z e (1792) hatte durchaus Recht damit, wenn er betont, daß die frei beweglichen Ratten dies nicht mit der Absicht tun, um damit die im Nest festgehaltenen Artgenossen zu füttern, sondern daß diese lediglich von dem für sie selbst eingebrachten Gut partizipieren und dadurch am Leben bleiben.

Bei der Wirtschaftsführung früherer Jahrhunderte dürfte es gelegentlich auch vorgekommen sein, daß RK ohne Zutragen frischer Nahrung einige Zeit leben konnten. Diese Möglichkeit bestand z. B. in den Zwischenböden von Getreidespeichern, wenn die Fußbodendielen Risse aufwiesen, durch die Getreidekörner hindurchfallen konnten. Auch in Mühlen gab es solche und ähnliche Gelegenheiten. Erinnert sei nur an den in der Mühle von Großballhausen gefundenen RK, der sich an einer Stelle aufhielt, „wo immer von oben etwas Schroot und Mehl durchkrumte, daß er zu leben hatte" (G o e z e 1792).

Schon v. d. M e e r M o h r (1918) stellte die Frage, welches wohl das Los einer derartigen mit den Schwänzen verbundenen und nicht mehr frei beweglichen Rattenversammlung sein möchte. Zweifellos werden viele von ihnen ein leichtes Opfer der natürlichen Feinde werden. Bei uns könnten es Katzen und Hunde sein, die durch das Fiepen der Tiere aufmerksam gemacht ihr Versteck leicht aufstöbern können. In den Tropen sind Schlangen als hervorragende Rattenvertilger bekannt, indem sie direkt in die Nester ihrer Beutetiere eindringen und ihre Opfer an Ort und Stelle töten. Bei der Besprechung des Eichhörnchenkönigs haben wir schon darauf hingewiesen, daß auch diese wahrscheinlich in der Regel eine Beute des Raubwildes werden, wenn sie aus ihren Baumnestern auf den Boden fallen und dort hilflos liegen bleiben. Es ist ja auch auffallend, daß weitaus seltener mumifizierte oder tote RK gefunden werden als lebendige. Deshalb glauben wir nicht fehlzugehen, wenn wir annehmen, daß die meisten dieser Bildungen vorzeitig vernichtet werden.

Versuche mit Hausratten

Angesichts der geradezu abseitig anmutenden Existenz von RK einerseits und die Schwierigkeit, ihr Zustandekommen plausibel zu machen, andererseits, schlug schon K o e p e r t (1904) vor, das Experiment zu Hilfe zu nehmen. „Man würde dann eventuell eine Verschlingung der Schwänze erzielen und somit den Beweis liefern können, daß die Ratten nicht infolge einer ansteckenden Krankheit des Schwanzes oder kurz nach ihrer Geburt mit den Schwänzen zusammenwachsen, sondern daß die Verschlingung lediglich infolge des beengten Raumes und der Beweglichkeit der Tiere zustande kommt."

Der in Berlin gefundene RK gab nun einen Hinweis darauf, wie verhältnismäßig einfach die Voraussetzungen für die Bildung solcher Schwanzverflechtungen geschaffen werden können, wobei als weiteres günstiges Moment hinzukam, daß der Vorgang der Verknotung in verhältnismäßig kurzer Zeit erfolgte. Im Jahre 1950 wurde deshalb versucht, den in der Osthafenmühle beobachteten Vorgang experimentell zu wiederholen. Zwei Versuche, die beide nur mit drei und vier jungen Hausratten angesetzt werden konnten, blieben erfolglos. Vielleicht wird aber ein erneuter Versuch mit mehr Individuen doch noch zu einem Ergebnis führen. Wie oben (S. 79) mitgeteilt, sind bisher niemals zwei, nur einmal drei, meistens aber sehr viel mehr mit ihren Schwänzen verwickelte Ratten beobachtet worden. Die Chancen, daß sich ein RK bildet, sind also wohl um so größer, je mehr Tiere auf engem Raum zusammengepfercht leben. Dies ist nach dem Gesetz der Wahrscheinlichkeit leicht zu erklären.

Literatur

Anonym (1663): Rattenkönigflugblatt. Straßburg.
— (1683): (Titel?). Le Mercure Galant, Paris, Sept. 1683, S. 386.
— (E. N.) (1774): Beantwortung eines Schreibens aus Leipzig über den Ratzenkönig. Wittenberg. Wochenbl. zum Aufnehmen der Naturkunde u. d. ökonom. Gewerbes, Wittenberg, 7, S. 41—45.
— (D. S.) (1774): Ein paar Anmerkungen über bereits berührte Gegenstände. Der Ratzenkönig. Dass. 7, S. 69.
— (1774): Einige zur Natur- und Wirtschaftskunde gehörige Wahrnehmungen aufs Jahr 1774. — Ratzenkönig. Dass. 7, S. 397.
— (E. N.) (1774): Eine neuere Nachricht vom sogenannten Ratzenkönige. Dass. *12*, S. 153 f.
— (1792): (Titel?). Gothaische Gelehrte Zeitung, S. 705.
— (F. J. B.) (1820): Der lange bezweifelte, und endlich doch bestätigte Ratten-König. Curiositäten der physisch-literarisch-artistisch-historischen Vor- und Mitwelt; zur angenehmen Unterhaltung für gebildete Leser, Weimar, 8, S. 537—545 (Auszug aus Bellermann, 1820).
— (1831): Werke der Allmacht oder Wunder der Natur. *6*, S. 111—112.
— (1839): Der Rattenkönig, rex rattorum Ratti caudis implicati. Mitt. a. d. Osterlande, *3*, S. 48—51 (Ein wörtlicher Abdruck von Kilian, 1838).
— (1842): (Titel ?). Arch. f. Naturgesch. *8*.
— (1854): (Titel ?). Le Magazin Pittoresque, Paris, 22.
— (A. D.) (1863): Notizen über Rattenkönige (Mus rattus). Zool. Gart., *4*, S. 18.
— (-sen) (1952): Vom Rattenkönig. Orion 7, (Ausg. A), S. 118—120.
— (1955): Der „Rattenkönig". Desinf. u. Geswes., *47*, S. 7—8.
— (1955): De Rattenkoning. Rat en Muis, Wageningen, Jg. 1955, S. 51—52.
Adelung, J. Ch. (1911): Grammatisch-kritisches Wörterbuch der Hochdeutschen Mundart. Wien.
Ahrend (1903): Beitrag zur Geschichte des sog. „Rattenkönigs". Natur u. Haus, Dresden, *11*, S. 371—373.
— (1903): Gibt es einen sogenannten Rattenkönig? Düsseldorfer Zeitung v. 10. Juni 1903.

Batsch, A. J. G. K. (1796): Umriß der gesamten Naturgeschichte, im Auszug aus den früheren Büchern des Verfassers für seine Vorlesungen. Jena, S. 112.
Bechstein, J. M. (1789): Gemeinnützige Naturgeschichte der Säugethiere Deutschlands. Leipzig, 1. Aufl.
— (1801): Gemeinnützige Naturgeschichte der Säugethiere Deutschlands. Leipzig, 2. Aufl., Bd. 1.
Becker, K. (1949): Der „Rattenwolf". Desinfektion u. Schädlingsbek., *41*, S. 202—204.

Becker, K. (1952 a): Über das Vorkommen schwarzer Wanderratten (Rattus norvegicus). Zool. Gart., N. F. *19*, S. 223—233.
— (1952 b): Die Hausratte (Rattus rattus L.) in Berlin und im Fläming. Zool. Anz., *148*, S. 259—269.
Beckmann, J. G. u. B. L. (1751): Historische Beschreibung der Mark Brandenburg. *1*, Berlin, Sp. 829—830.
Beckmann, L. (1880): Vom Rattenkönig. Illustr. Zeitg., Leipzig, *74*, S. 288.
Bellermann, J. J. (1820): Über das bisher bezweifelte Daseyn des Rattenkönigs. Nikolai, Berlin.
Blasius, J. H. (1857): Naturgeschichte der Säugethiere Deutschlands und der angrenzenden Länder von Mitteleuropa. Braunschweig.
Blumenbach (1779/80): Handbuch der Naturgeschichte. Göttingen, 1. Aufl.
— (1791): Dass., 4. Aufl.
— (1825): Dass., 11. Aufl.
Bttgr. (= Boettger, O) (1897): Giebt es Rattenkönige? Der Zool. Gart., *38*, S. 217—219 (Ref. über Marshall: Leipzig. Tagebl. 1897, Nr. 62 u. 64).
Borowsky, G. H. (1780/84): Gemeinnützige Naturgeschichte des Thierreichs. Berlin u. Stralsund, Bd. 1, zweites Stück.
Brehm, A. E. (1877): Brehms Thierleben. Leipzig, 2. Aufl. S. 355—357.
Brendel, F. W. (o. Jahr): Erzählungen aus dem Leben der Tiere. Glogau, 5. Aufl. B. *1*, S. 187.
Buysson, H. du (1905/06): Notes additionelles Sur le Roi de Rats. La Feuille des jeunes Naturalistes, Paris, *36*, S. 188—189.

Campe, J. H. (1807/1811): Wörterbuch der deutschen Sprache. Braunschweig.
Carpzow, Chr. B. (1716): ΚΑΤΤΟΛΟΓΙΑ, das ist kurtze Katzen-Historien... Leipzig.
Cuvier, Baron von (1831): Das Thierreich, geordnet nach seiner Organisation. — Übers. v. Fr. Voigt. Leipzig, Bd. 1.

Dahl, F. (1905): Angaben über den „Rattenkönig". Naturwiss. Wochenschrift, N. F., *4*, S. 32.
Demaison, L. (1906/07): Sur les rois des Rats. La Feuille des jeunes Naturalistes 4. Sér., Année 37, Paris, S. 38.
Dollfus, A. (1905/06): Les Rois de Rats. La Feuille des jeunes Naturalistes, *36*. Année, Paris, S. 174—175 u. 185—188.
Dollfuss, H. (1906/07): Nouvel example de Roi de Rats. La Feuille des jeunes Naturalistes 4. Sér., 37. Année, Paris, S. 18—19.
Dornseiff, F. (1943): Der deutsche Wortschatz nach Sachgruppen. Berlin.

Ehrlich, H. (1944): Die Biologie der Ratte in Zahlen. Ztschr. hygienische Zool. *36*, S. 117—128.

Fitzinger, L. (1860): Wissenschaftlich-populäre Naturgeschichte der Säugethiere in ihren sämtlichen Hauptformen. Wien, *1*, S. 133—134.

Gaffrey, G. (1955): Zur Biologie der Hausratte, Rattus rattus L. Ztschr. f. Säugetierkde., *20*, S. 183.

Gesner, C. (1551/58): Medici Tigurini Historiae animalium. Lib. I. de Quadrupedibus viviparis. Tigurini.
— (1583): Tierbuch, das ist ein kurtze beschrybung aller vierfüßigen Thiere... Zürich.
Geyser, G. W. (1858): Geschichte der Malerei in Leipzig von frühester Zeit bis zu dem Jahre 1813. Leipzig, S. 76.
Giebel, C. G. (1859): Die Naturgeschichte des Thierreichs. Leipzig, Bd. 1, S. 267.
Gmelin, Ph. F. u. G. F. Cristmann (1775): Onomatologia historiae naturalis completa. Ulm, Frankfurt, Leipzig, Bd. 5, S. 348—349.
Goeze, J. A. E. (1787): Fünfte Reise ins Thüringische zum Unterricht und Vergnügen der Jugend. Leipzig, S. 140 f.
— (1792): Europäische Fauna oder Naturgeschichte der europäischen Thiere... Leipzig, Bd. 2, S. 65.
Grimm, J. u. W. (1893): Deutsches Wörterbuch. Leipzig, 1854 ff.

Hartung, H. (1954): Ich denke oft an Piroschka. Ullstein, Berlin.
Hase, A. (1914): Über Rattenkönige. SB. Med.-naturw. Ges. Jena, S. 2.
— (1950): Über Rattenkönige. Schädlingsbekämpfung 42, S. 121.
Heck, L. (1925): Brehm's Tierleben. 4. Aufl., Bd. 11, S. 348—350.
Hellern, J. (1731): Zehn Sammlungen sonderbarer Alt- und Neuer Merkwürdigkeiten... Jena u. Leipzig, S. 183.
Herold, W. (1953): Über Wanderbewegungen der Wanderratte (Rattus norvegicus Erxl.) Anz. f. Schädlingskde. 26, S. 73—78.
Hesse, P. (1900): Ein Rattenkönig in Frankreich. Zool. Garten, 41, S. 358.
Hirth, G. (1882/90): Kulturgeschichtliches Bilderbuch aus drei Jahrhunderten. Leipzig u. München, Bd. 5.
Homeyer, E. F. von (1876): Deutschlands Säugetiere und Vögel, ihr Nutzen und Schaden. Zool. Garten, 17, S. 249.

l'Isle, A. de (1865): De l'existence d'une race nègre chez le rat. Ann. Sc. nat., 5. Sér. Zool., 4, S. 173—222.

Kaltschmidt, J. H. (1834): Gesammt-Wörterbuch der Deutschen Sprache. Leipzig.
Kaup, J. J. (1835): Das Thierreich in seinen Hauptformen systematisch beschrieben. Darmstadt, Bd. 1, S. 90.
Kelway, Ph. u. H. V. Thompson (1957): The black rat. In: The UFAW handbook on the care and mamagement of laboratory animals. London, 2. Aufl., S. 378—383.
Kemper, H. (1959): Die tierischen Schädlinge im Sprachgebrauch. Berlin.
Kilian (1838): Der Rattenkönig, rex rattorum Ratti caudis implicati. 5. Jahresber. d. Mannh. Ver. f. Naturkunde, S. 13—15.
— (1842): Der Fischregen bei Buchen. (Darin anhangsweise über den Zaisenhausener Rattenkönig.) 8. Jahresbericht des Mannheimer Vereins f. Naturkunde, S. 23—24.
— (1844): Abermals ein Rattenkönig. 10. Jahresber. d. Mannh. Ver. f. Naturkunde, S. 33—34.
Kleinschmidt, A. (1950): Beobachtungen und Zuchterfahrungen an der wilden Hausratte. Schädlingsbekämpfung, 42, S. 138—142.

K l u g e , F. (1960): Etymologisches Wörterbuch der deutschen Sprache. Berlin, 18. Aufl.
— u. A. G ö t z e (1957): Etymologisches Wörterbuch der deutschen Sprache, Berlin.
K o e p e r t , O. (1904): Nochmals der Rattenkönig. Natur u. Haus, Dresden, 12, S. 118—119.
K o l l e r , R. (1932): Das Rattenbuch. Hannover.
K r u m b i e g e l , J. (1955): Biologie der Säugetiere. Krefeld u. Baden-Baden, S. 713.
K u n z e , F. (1898): Rattenkönige aus der Vergangenheit Sachsens und Thüringens. Die Natur, Ztg. z. Verbreitung naturwiss. Kenntnis, Halle, S. 522—524.
K u r z w e l l y , A. (1915): In U. Thieme: Allgemeines Lexicon der bildenden Künstler. Leipzig, Bd. 11, S. 285—286.

L e h m a n n , O. (1884): Der Rattenkönig. Vom Fels zum Meer, 2, S. 120.
L e n z , N. (1835): Gemeinnützige Naturgeschichte. Gotha, 1. Aufl., S. 252.
— (1851): Dass., 3. Aufl., S. 388.
L e n z , H. O. (1860): Gemeinnützige Naturgeschichte. Gotha, 4. Aufl., S. 348.
— (1873): Dass., 5. Aufl., Bd. 1, S. 353.
L e u n i s , J. (1860): Synopsis der Naturgeschichte des Thierreichs. Hannover, 2. Aufl.
L i e f f m a n n , F. (1723): Von einem sogenannten Ratten-König, und von den vielen Mäusen. Breslauer Natur- und Kunstgeschichte. Leipzig, S. 294 bis 297.
L i n c k e , J. H. (1727): Vom Ratten-Könige. Sammlung von Natur- und medizinischen Geschichten für 1726. Leipzig u. Bautzen, Bd. 4, S. 205—223.
L ü b e n , A. (1848): Vollständige Naturgeschichte des Thierreichs. Eilenburg, Bd. 1.

M a r s h a l l , W. (1897): Giebt es Rattenkönige? Leipziger Tageblatt Nr. 62 und 64.
— (1903): Charakterbilder der Tierwelt. Leipzig.
M a r t i n i (1779): Neuer Schauplatz der Natur nach den wichtigsten Beobachtungen und Versuchen in alphabetischer Ordnung durch eine Gesellschaft von Gelehrten. Leipzig, Bd. 7, S. 38.
M e e r M o h r , J. C. van der (1918): Rattenkoning. De Tropische Natuur, 9, S. 113—115.
— (1924): Über einige sog. Rattenkönige. Treubia 5, S. 374—378, Pl. X u. XI.
M e i s n e r , Fr. (1818): Etwas zur Erklärung des sogenannten Rattenkönigs. Naturw. Anz. d. allgem. Schweizer. Ges. f. d. ges. Naturw., Bern, 2, S. 12—13.
M o h r , E. (1929/30): Ein „Rattenkönig" von Waldmäusen. Ztschr. f. Säugetierkde., 4, S. 252.
M ü l l e r - U s i n g , D. (1952): Der Eichhörnchenkönig von Gütersloh. Orion, 7, Ausg. A, S. 414—415.

N e m n i c h , P. (1794): Allgemeines Polyglotten-Lexikon der Naturgeschichte. Hamburg-Leipzig, S. 658.

O k e n , L. v. (1815/16): Lehrbuch der Naturgeschichte. Jena, 3. Theil, Zoologie, S. 894.
— (1838): Allgemeine Naturgeschichte für alle Stände. Stuttgart (1833 bis 1841), Säugethiere, II. Abt., S. 719.
O l t , J. (1940): Vom Rattenkönig. Volk u. Scholle, Ztschr. d. Heimatb. für Hessen u. Nassau e. V., *18*, S. 46—47.
O t t o , H. (1921): Natur erzählt. Ein Buch von der Heimat. M.-Gladbach, S. 310—312.
— (1922 a): Naturdenkmäler der Heimat am Rhein. Volksvereinsverlag M.-Gladbach.
— (1922 b): Ein Rattenkönig. Der Niederrhein. Illustr. Monatsschr. f. Heimatkde. u. Heimatpflege., Düsseldorf, S. 21—23. (Wörtlicher Abdruck aus „Natur erzählt", aber mit einem Foto.)
— (1931/32): Verbreitung von Haus- und Wanderratte am Niederrhein. Der Naturforscher, *8*, S. 70—72.
O u s t a l e t , E. (1900): Les rois de rats. La Nature, Paris, Nr. 1411, S. 19—20.

P e l t z e r , K. (1963): Das betreffende Wort. Wörterbuch sinnverwandter Ausdrücke. München, 7. Aufl.
P o e p p i g , E. (1847): Illustrierte Naturgeschichte des Tierreichs. Leipzig, 2. Aufl., Bd. 1.

R a f f , G. Ch. (1783): Naturgeschichte für Kinder zum Gebrauch auf Stadt- u. Landschulen. Göttingen, 4. Aufl.
— (1813): Dass., 11. Aufl., S. 404.
— (1827): Dass., 13. Aufl., S. 406.
R e b a u , H. (1857): Volks-Naturgeschichte. Stuttgart, 4. Aufl., S. 181.
R e h , A. (1926): Der Rattenkönig in Wort und Bild. Elsaßland, Gebweiler, *6*, S. 174—180.
R i c h t e r , Ch. J. G. (1797): Über die fabelhaften Thiere. Ein Versuch. Gotha, S. 55.
R i e g l e r , R. (1907): Das Tier im Spiegel der Sprache. Dresden u. Leipzig.

S c h a d e , O. (1863): Satiren und Pasquillen aus der Reformationszeit. Hannover, 2. Aufl., 3 Bde.
S c h e l l h a m m e r , G. Ch. (1691): Miscellanea curiosa sive Ephemeridum medico-physicorum. Nürnberg, Abt. II, Jg. IX (1690), S. 254—255.
S c h e r d l i n , P. (1919): Zum Rattenkönig des Straßburger zoologischen Museums. Echo de Strassbourg vom 11. April 1919.
S c h i f f e l , K. (1959): Das ist der Razenkönig. ... Natur u. Heimat, Dresden, *8*, S. 156—157.
S c h l e n z i g , M. (1853): Die Säugethiere. Leipzig u. Meißen, S. 78—80.
— (1856): Über einen sogenannten Rattenkönig. Allgem. dtsch. Naturhist. Zeitg., Dresden, N. F., *2*, S. 453—456.
S c h r e b e r , J. Ch. (1792): Die Säugethiere in Abbildungen nach der Natur mit Beschreibungen. Erlangen, Bd. 10, S. 651.
S c h u l z , J. H. (1845): Die Wirbelthiere der Mark Brandenburg. (Fauna Marchia.) Berlin, S. 36—37.
S t e i n i g e r , F. (1950): Beiträge zur Soziologie und sonstigen Biologie der Wanderratte. Ztschr. f. Tierpsychol., *7*, S. 356—379.
— (1952): Rattenbiologie und Rattenbekämpfung. Stuttgart.

Steinvorth, H. (1884): Ein Beitrag zur Geschichte des Rattenkönigs. Jahreshefte d. naturwiss. Vereins für das Fürstentum Lüneburg, Lüneburg, 9, S. 128—130.

Thierfelder, F. (1963): Hermann Schlegel. Abh. u. Ber. Naturk. Mus. „Mauritianum", Altenburg, 3, S. 39—62.

Treitschke, F. (1840/43): Naturhistorischer Bildersaal des Thierreichs. Bildersaaltips. Pesth u. Leipzig, S. 252.

Trübner (1939/57): Deutsches Wörterbuch. Berlin.

Valentini, M. B. (1714): Kunst- und Naturalienkammer oder Museum Museorum. Frankfurt/Main, Bd. 2, S. 151.

Vogel, R. (1953): Die gegenwärtige Verbreitung der Hausratte (Rattus rattus L.) in Südwestdeutschland und die sie bestimmenden Faktoren. Jh. Ver. vaterl. Naturk. Württemberg, 108, S. 53—61.

Voigt, Fr. (1835): Lehrbuch der Zoologie. Stuttgart, Bd. 1, S. 354—355.

Wagner, H. (1921/22): (Eichhörnchenkönig.) Jahrb. f. Jagdkde., 5 (zit. n. Müller-Using).

— (1922): (Eichhörnchenkönig.) Waidwerk, Wild, Waffe, 2 (nicht gesehen).

Wagner, J. A. (1843): Die Säugethiere in Abbildungen nach der Natur... Supplbd., Erlangen.

Wolff, J. (1887): Der Rattenfänger von Hameln. Berlin, S. 114—152.

Zedler, J. H. (1741): Großes vollständiges Universal-Lexikon / Aller Wissenschaft und Künste, / Welche bisher durch menschlichen Verstand und / Witz erfunden und verbessert worden. Leipzig u. Halle, Bd. 30, S. 1029—1037.

Printed by Libri Plureos GmbH
in Hamburg, Germany